U0348118

草甸草原不同退化程度下植被与土壤特征及诊断指标体系

◎乌仁其其格　武晓东　著

中国农业科学技术出版社

图书在版编目（CIP）数据

草甸草原不同退化程度下植被与土壤特征及诊断指标体系 / 乌仁其其格，武晓东著 .—北京：中国农业科学技术出版社，2021.4

ISBN 978-7-5116-5250-8

Ⅰ.①草…　Ⅱ.①乌…②武…　Ⅲ.①草甸-草原-植被-研究②草甸-草原-土壤-研究　Ⅳ.①S812

中国版本图书馆 CIP 数据核字（2021）第 056627 号

支撑平台和项目：

内蒙古自治区草甸草原生态系统与全球变化重点实验室

呼伦贝尔学院智慧农牧业院士工作站

内蒙古自然科学基金（2017MS0328）

呼伦贝尔市重大项目（YYYFHZ201901）

责任编辑　陶　莲
责任校对　李向荣
责任印制　姜义伟　王思文

出 版 者　中国农业科学技术出版社
　　　　　北京市中关村南大街 12 号　邮编：100081
电　　话　（010）82106625（编辑室）　（010）82109702（发行部）
　　　　　（010）82109709（读者服务部）
传　　真　（010）82106625
网　　址　http://www.castp.cn
经 销 者　全国各地新华书店
印 刷 者　北京建宏印刷有限公司
开　　本　710mm×1 000mm　1/16
印　　张　7.25
字　　数　111 千字
版　　次　2021 年 4 月第 1 版　2021 年 4 月第 1 次印刷
定　　价　88.00 元

前　言

呼伦贝尔草原总面积 997.3 万 hm^2，是欧亚大陆草原的重要组成部分，是世界著名草原之一，也是我国迄今保护相对完好的一块天然草地。近年来，由于全球性的气候干旱、牧区人口增加、家畜存栏量增加、各种自然灾害和草原利用不合理等原因，造成了大面积草原退化、沙化、盐渍化，严重影响着畜牧业生产的进一步发展。目前，呼伦贝尔市草原退化、沙化、盐渍化面积已达到 398.3 万 hm^2，占可利用面积的 43.23%，而且每年以 2%的速率向纵深扩展。且“三化”面积仍在不断扩大，在退化草地中重度退化面积最大，占退化草原面积的 59.8%，中度退化草原面积占 33.1%，轻度退化草地面积占 7.1%。与 20 世纪 70 年代相比增加了近 4 倍，理论载畜量下降了 46%，植被盖度降低了 10%~20%，草层高度下降了 7~15cm，草地初级生产力下降了 30%~50%，优良禾草比例平均下降 10%~40%，草原生产力不断下降，草原布氏田鼠鼠害每 4~5 年大暴发一次，受害面积达 100 万 hm^2，草原上的三条沙带总面积 88 万 hm^2，逐年蔓延扩大。一些草原开垦后出现了严重的水土流失现象。呼伦贝尔草原的退化，不仅严重制约了该地区畜牧业的可持续发展，而且给当地带来了严峻的生态环境和社会经济问题。

对呼伦贝尔草原的研究始于 1959 年，当时由内蒙古农牧学院章祖同先生主持，对 5 个主要草地类型进行了历时 4 年的定位研究；此后在 1964 年、1972 年、1982 年、1999 年对呼伦贝尔草原进行了 4 次资源普查。一些专家学者对呼伦贝尔草原进行了一些有针对性的专题研究。1981—2004 年内蒙古自治区科学技术厅、内蒙古农业大学、内蒙古草原勘测设计院、中国农业科学院草原研究所、呼伦贝尔市科学技术局和牧业四旗（陈巴尔虎旗、新巴尔虎右旗、新巴尔虎左旗、鄂温克族自治旗）草原站先后在呼伦贝尔草原主要草地类型上设置了 10 个定位监测点，对草原生态系统进行了较为长期的基础性研究工作。

虽然对呼伦贝尔草原的研究工作很多，但是对草甸草原不同退化程度的分级分类和植被与土壤特征系统研究得较少，特别是对退化草地诊断指标体系的研究较少。鉴于此，本研究采用生态学野外调查方法，探讨不同退化程度下草甸草原放牧生态系统诸因子的变化规律，分析不同退化程度下草甸草原放牧生态系统植被与土壤因子的相关性，探讨诊断不同退化程度的定量划分方法。运用植物变量与土壤变量的典型相关分析，筛选出确定草甸草原不同退化程度的指标体系，结合草地的实际情况，采用模糊综合评价方法，对不同退化程度下草甸草原的退化状况进行评价分析，获得诊断不同退化程度的差异性系数，即指示度。

本项研究采用野外生态学定量测定，典型相关分析与模糊综合评价相结合的方法对草地退化状况进行评价。本研究填补了草甸草原不同退化程度诊断领域的空白，丰富了草地退化程度诊断的内容，为草甸草原退化指标体系的建立提供理论基础，而且对有关部门客观判断草甸草原的退化状况，特别是了解不同退化程度对草地状况的影响，制定切合实际的草地可持续发展战略，以及推进草地畜牧业生产和生态保护具有现实的意义。

著　者

2020 年 11 月

目　　录

1 引 言

1.1 草原生态系统

草地作为一个完整的生态系统，有自己独特的发生、发展和演变规律。在人类开发利用和干扰之前，草地主要在自然因素、生物因素和本身的矛盾运动中稳定、缓慢地发生变化。人类的开发利用，大大加速了草地的演变进程。尤其是近代迅速兴起的农业、畜牧业以及人口的激烈膨胀，对草地的影响更为强烈。人们不但可以把自己的行动直接施加于草地本身，而且还能通过自己的行为使自然因素、生物因素等发生较大改变。例如，开垦草地会造成水土流失、风沙迭起；过度放牧造成土壤侵蚀，水分蒸发加速，气候趋于干燥；无节制的狩猎，使生态系统中食物链关系发生改变等。所有这些影响都会加速草地演变的进程。天然草地植被是地球陆地表面最大的绿色植被层，总面积占地球陆地表面积的 41%。草地生态系统不仅具有维持生物多样性、维护全球 CO_2 平衡和水分循环等重要的生态功能，同时也是约占世界总人口 17%的 9.38 亿人口的家园。然而，自 20 世纪以来，随着人口的不断增加和人类物质需求的与日俱增，地球生命支持与服务系统受到严重干扰，草地生态系统也因人为过度利用而造成不同程度的退化。目前，我国的草地面积约 $1.86\times10^8hm^2$，已有 $1.05\times10^8hm^2$ 退化，占比 56.5%。其中轻度退化占比 53.8%，中度退化占比 32.6%，重度退化占比 13.6%。草地生态系统在其演化过程中，其结构特征和能量流动、物质循环等功能的恶化，即生物群落赖以生存环境的恶化，可称为草原生态系统的退化。它不仅反映在非物质因素上，也反映在生产者、消费者、分解者等因素上，其中土壤的退化、植被生产力的降低和群落组成的变劣尤为明显。生态系统的退化，破坏了草原生态系统物质循环和能量流动的相对平衡，使生态系统逆向演替。

草地退化导致植物群落小型化，从而使草原植物群落组成和结构有很大的变化，最明显的变化是可食牧草比例下降。不同退化程度下轻度退化草地可食牧草产量减少 20%~40%；中度退化草地可食牧草产量减少 40%~60%；重度退化草地可食牧草产量减少 60% 以上。这不仅直接影响草地载畜能力与草原生态系统生产力，而且使草原生态系统原来丰富的生物多样性降低，并常有大量有毒植物出现。随着放牧强度的增加，草原动物也发生变化，如退化草原的稀疏低矮植被和开阔生境为一些群聚鼠类提供了栖息地，可使群聚鼠类得到繁衍和扩展，形成鼠害，进一步促进了草地的退化，形成恶性循环。草原土壤理化和生物性状在家畜放牧退化中的特征变化，与草原第一性和第二性生产的变化紧密相关。随着放牧强度的增强，草原表层土壤质地变粗，结构发生变化，硬度变大，容重增加，通气性变弱；土壤有机质下降，氮、磷、钾营养元素降低。在重牧下土壤无脊椎动物的群落结构趋于简化，土壤微生物多样性降低。另外，土壤持水保水能力下降，影响草原生态环境，会导致各种自然灾害发生。草原荒漠化、沙尘暴的发生都与此有很大关系。

1.2 放牧干扰对草地的影响

草地退化是自然因素和人为因素共同作用的结果，气候的变化、自然环境脆弱、长期不合理地放牧、盲目垦殖、割草、过量采伐、掠夺经营、狩猎、旅游、乱采乱挖、乱排“三废”以及草地承载力的社会压力等都是导致草地生态系统退化的重要因素。在诸多因素中，不合理的放牧是引起草原退化的首要原因。放牧是人类对草地的主要干扰方式之一。放牧演替是草原植被研究中重要的一个方面。在放牧干扰下，草原植物群落特征是与牧压强度紧密相关联的。

不合理的放牧常常带来植物群落的逆行演替，造成草地生产性能质和量的下降，家畜通过选择性采食、践踏和粪便归还而直接影响草原植物群落结构和土壤理化性质。贾树海等（1999）认为，在强度放牧影响下，草原地被物消失、土壤表层裸露、反射率增高、潜热交换份额降低，土表硬度与土壤容重明显增加、毛管持水量降低，风蚀与风积过程或水蚀过程增强，小环境变劣，进而土壤质地变粗、硬度加大、有机质减少、肥力下降，土壤向贫瘠化方向发展，草地在生物地球化学循环过程中的作用降低。由于不同植物对放牧的反应不同，因而放牧影响下的植物群落常常表现为分异和趋同。载畜量的增大使牧草的再生能力降低，植被盖度减小，而牧草株高和群落现存量均显著下降。汪诗平和李永宏（1997）认为，在轻牧条件下适口性好的植物在群落中所占比例最大，过牧可降低适口性好的植物比例，而有毒的植物则免受影响，并对有限资源的竞争处于更有利的地位。放牧对物种多样性的影响比较复杂，中度的牧压会提高物种多样性。放牧增加种和减少种的数量接近，但是增加种多为外来种，减少种多为乡土种。家畜过度放牧是草地退化演替的主要原因。随着牧压强度的变化，草地植物群落的主要植物种的优势地位发生明显的替代变化，这与其生态生物学特性和动物的采食行为密切相关。

放牧是引起草地土壤退化的重要因素，一方面是因为放牧导致了草地地上生物量的减少，从而使草地系统中的大量营养物质和能量物质转移到家畜生产系统，植物中大量物质和能量的输出使植被与土壤之间的物质与能量的平衡出现暂时的中断。肖运峰和李世英（1980）认为，家畜的践踏和采食，容易引起草地的旱化、使土壤理化性质劣化和肥力降低。随着放牧强度的增大，草地土壤硬度和容重显著增加，而土壤毛管持水量则明显下降。在过牧条件下，牲畜长期践踏，土壤表土层粗粒化，其结果是黏粒含量降低，沙粒增加，而这正是退化草原土壤沙化和土壤侵蚀发生的原因。土壤有机质主要来源于植物地上部分的凋落物及地下的根系，随着草地的退化，归还土壤中有机质的数量逐渐减少，地上植物连年利用，土壤养分也在不断消耗，随退化程度的增加而下降。关世英（1997）认为，重牧条件下土壤有机质含量仅为无牧条件下的 48%。王仁忠和李建东（1995）研究表明，随着放牧强度的增加，含水量显著降低，土壤趋向于干旱化和贫瘠化。在草原放牧生态系统，放牧家畜粪尿的归还对土壤肥力有着直接的影响，采食的养分中有 60%~70%以粪尿的形式返回草原。杨利民等（1996）研究表明，重牧减少土壤微生物数量，土壤微生物生物量在轻牧与中牧之间最大。

1.3 草地退化的研究进展

1.3.1 草地退化的概念与内涵

草地退化是草地生态学中日益引人关注的问题。不同研究者对草地退化的概念，有着不同的理解，并且对草地退化给出了不同的定义。李博（1997）从生态系统角度认为，草地退化是指放牧、开垦、搂柴等人为活动下，草地生态系统远离顶极的状态。草地生态系统在退化过程中，能量流动与物质循环等功能过程恶化，是生物群落（植物、动物、微生物群落）及其赖以生存环境的恶化。李绍良等（2002）认为，有机质含量下降，养分减少，土壤紧实度增加，通透性变坏，是土壤退化的指标。李博（1997）认为，由于人为活动或不利自然因素所引起的草地（包括植物及土壤）质量衰退，生产力、经济潜力及服务功能降低，环境变劣以及生物多样性或复杂程度降低，恢复功能减弱或失去恢复功能，即称之为草地退化。李博等（1999）认为，草地的退化，它不仅反映在构成草地生态系统的非生物因素上，也反映在生产者、消费者、分解者等生物因素上。草地退化过程是草地生态系统逆行演替过程，此过程中，草地生态系统的组成结构与功能发生显著变化，物质循环失调，熵值增加，原有的稳态性被打破，即维持生态过程所必需的生态功能下降，在低能量级水平上形成偏途顶极，建立新的亚稳态。

1.3.2 植被与土壤关系的研究

植物群落与土壤因子之间关系的研究是植物生态学研究的一个重要内容，是退化草地恢复重建的重要理论基础。在同一气候条件下，土壤分异导致了植被的变化。在植物群落与土壤因子的相互作用中，导致了植物种群的不同分布格局，决定了各种植物在植被演替中的地位和作用。土壤理化性质及微生物数量在不同植物群落中产生较大变异。土壤 pH 值、有机质含量和其他营养元素含量均表现不同程度的植物群落依存特性。而且，这种依存特性大多数与植物种群分布存在紧密的相关关系。Vinton 和 Burke（1995）认为，不同植物种群对土壤化学元素特性的影响，主要是通过作用于地上和地下凋落物的数量和质量以及微生境进行的。根系分解是养分从生物库转移到土壤库的关键环节，并在一定程度上反映了土壤—植物间物质和能量的交换能力。草地生态系统中细根（<2mm）约占根系总生物量的 55%，而固定的氮元素约占氮元素总归还量的 50%。

死亡的根系还可以提高土壤中的钾、镁、磷的含量，并对土壤理化性质有正面的促进效应，这些功能对于土壤相对贫瘠的退化草地而言更富有积极意义。另外，相同植物的根系，在不同土壤环境中可以表现出不同的根系分布特征，土壤中的根系密度与土壤容重呈负相关。根系可提高土壤的水稳性团粒含量、非毛管空隙，增加有机质的含量，降低土壤紧实度和容重。Vinton 和 Burke（1995）认为，植物种群的覆盖方式较植物其他特性对土壤化学元素特征的影响，更为强烈。在自然草地生态系统，不同植物种群不仅对土壤化学元素特性存在显著影响，而且对生态系统水平上的养分循环也具有十分重要的作用。作为植物生长的基质和环境，土壤的物理和化学特性对植物群落动态存在最深刻的作用机制。土壤通过作用于植物根系的发育、生长和分布，而影响植物对土壤养分和水分的吸收，影响植物的生长及群落动态。氮、磷是自然生态系统中主要的限制性养分。氮、磷可利用性养分在数量和组成上的变化，都将对植物群落的物种组成和群落演替产生显著性的影响。因为土壤理化性质和生物学特性具有微域特异性，土壤养分的空间异质性对种的分布格局以及干扰下的群落物种多样性的维持至关重要。土壤有机质小尺度的空间异质性可强烈地影响土壤的生物化学过程和植物种群动态。物种多样性是群落的重要特征，是生态系统功能维持的生物基础。在区域和局部水平上，物种多样性与土壤养分异质性有关。

1.4 草地退化程度诊断的研究进展

草地退化程度诊断对退化草地恢复的重要性已被国内外很多学者所重视。李博（1997）根据植物种类组成、地上生物量与盖度、地被物与地表状况、土壤状况、系统结构等将草地退化程度分为 4 级：轻度退化、中度退化、重度退化与极度退化。陈灵芝等（1995）强调，为了恢复和重建生物多样性，必须了解生态系统退化程度，特别是其所在地生境特点，研究结构和组成种类是为了了解物种对被破坏生境适应程度，为恢复措施和物种选择提供理论依据。李德新（1980）提出了草地状况定量分析法，对克氏针茅草原的退化演替进行了研究。刘显芝和魏绍成（1983）用牧草可食量，昭和斯图和祁永（1987）利用草地状况定量法探讨了退化草地分级的问题。

1.4.1 以植被指标来确定草地退化程度

植被是一定区域内覆盖地面的植物和植物群落的统称，不但是人类赖以生存的物质基础，而且在维护区域生态平衡、保持地表稳定性方面发挥着不可估量的重要作用。自然状态下，天然草地群落物种分布相对均匀，并通过自身的再生能力维持系统的相对稳定；但人为的过度干扰，打破了系统内物种的分布格局，导致次生物种的侵入和原生物种的消退。李青丰等（2001）研究认为，草地退化最明显的变化是草地植被的变化，包括质量特征（如植物种群构成）和数量特征（如生产力）方面的变化。李博

(1997) 认为，以现有群落的种类组成与顶极群落种类组成的距离来衡量草地退化程度，是一种简便易行的方法。植物根系生物量与其地上部分的消长具有极大的相关性，而且植物根系的生长发育，在某种程度上决定着植物地上部分的形态特征、发育状况、抗逆性、品质及生物量等。陈世横等(2001) 通过对我国北方草地植物根系多年研究后发现，不同牧压条件下植物根系的变异、根芽或分蘖芽的形成与生态条件、地上枝条产量有密切关系。李永宏 (1988) 探讨各草地类型的放牧演替轨迹，建立草地的放牧退化模式，判别草地退化的数量指标和退化监测专家系统，沼田真 (1986) 提出演替度 (DS) 概念。演替度即植被演替阶段背离顶极群落的程度，植被演替度作为衡量植物群落演替的综合性指标，从植物总和优势度和植被率两方反映植物群落演替，因而可以作为放牧草地植被的定量分析指标。曹勇宏等(2003) 在内蒙古呼伦贝尔羊草草地不同放牧半径的研究中运用演替度来指示草地退化的程度。有研究者提出了草地状况定量分析法，将增加者和侵入者的种类成分视为退化草地的指示植物。王德利等 (1996) 在呼伦贝尔天然草地对不同放牧半径的研究表明，演替度在 300 以上的草地植被都处于良好的生长发育阶段，植被稳定，为适度放牧；演替度为 250~300 的草原植被轻度退化，杂草比例增加，属过度放牧；演替度为 150~250 的草原植被严重退化，侵入种出现，属重度放牧；演替度在 150 以下的草原植被呈极度退化，家畜严重超载。由此可见，根据草地植被演替度的变化，可以进行草地利用状况评价或诊断。任继周 (1998) 提出了草地退化的 5 个级别，即轻度退化、明显退化、中度退化、严重退化、极度退化。

1.4.2 以土壤指标确定草地退化程度

在草原生态系统中，土壤是生物量生产最重要的基质，是许多营养的储存库，是动植物分解和循环的场所，是牧草和家畜的载体。土地退化是生态系统退化的重要指标之一，曲国辉和郭继勋 (2003) 认为，在草地生态系统的退化中，草地土壤的退化要滞后于草地植物的退化，其退化后恢复时间要远远长于草地植物的恢复时间，有时植被退化到极度退化程度而土壤还保持较好的性状，但土壤退化是比植被退化更严重的退化，土壤严重退化后整个草原生态系统的功能会遗失殆尽，土壤退化主要是土壤理化性质的改变。土壤容重是判断土壤紧实程度的指标。土壤容重的大小受到土壤有机物含量、放牧家畜践踏程度的影响。土壤容重对草地的退化具有敏感性，可以作为草地退化的数量指标，随放牧强度的增大，动物践踏作用的增强，土壤孔隙分布的空间格局发生变化，土壤的总孔隙减少，土壤容重增加。土壤有机质和土壤中营养元素不仅是土壤重要的物质组成，而且也是土壤肥力的物质基础，也是植物生长所需营养物质的主要来源。随着草地退化程度的加剧，土壤有机质对于植物的生长、植被的演替起着最直接、最积极的作用，因此，关世英（1997）建议把土壤有机质含量作为评价草地退化的数量指标。土壤有机质主要来源于植物地上部分的凋落物及地下的根系，随着草地的退化，归还土壤中有机质的数量逐渐减少，地上植物连年利用，土壤养分也在不断消耗，随退化程度的增加而下降。随退化程度的增加，草原表层暗栗钙土 0~30cm 土层内有机质及全氮含量下降。刘兆顺（2000）研究认为，应根据土壤性状对放牧干扰的响应程度、分析因子的敏感性和变化规律的稳定性，选择敏感性好且相应于外界变化规律性稳定的指标。土壤微生物是土壤有机质与土壤养分转化和循环的动力，它所含的养分是植物生长所需养分的一个重要来源。微生物既可固定养分，作为养分暂时的“库”，又可释放养分，作为养分的“源”，土壤微生物生物量在轻牧与中牧之间最大，微生物群落的多样性随放牧增强而下降，因此，Kennedy 和 Smith（1995）认为，土壤微生物参数可作为土壤质量变化的指标。草地退化与土壤退化有密切关系，但二者不属同一范畴，在评价草地退化时，主要以地表植物群落为主，其他因素为辅，而评价土壤退化时则应以土壤肥力状况为主。在自然状况下，二者退化与恢复的速度是不同的，土壤退化的速度慢，稳定性高。我们应充分认识与利用这种差异性，在改良退化草地时，应考虑土壤退化程度，导致退化的主导因子及土壤性状，这样才能更有针对性，才有可能收到预期的效果。

1.4.3 以植被与土壤的相关性诊断不同退化程度草地

土壤—牧草之间的系统耦合与系统相悖是放牧生态系统地境—牧草界面的主要生态过程。安渊等（2001）研究认为，草地退化以后土壤有机质、氮和磷的含量下降，土壤有机质含量与土壤全氮、全磷和速效氮的含量呈明显的正相关，与植物根系也呈较强的正相关。根系分解是养分从生物库转移到土壤库的关键环节，并在一定程度上反映了土壤—植物间物质和能量的交换能力，土壤中的根系密度与土壤容重呈负相关。冬季土壤有效微生物数量主要与双子叶植物生物量呈正相关，夏季土壤微生物活动受单子叶植物影响较大。

1.4.4 确定不同程度草地退化的研究方法

最初对草地退化诊断的研究基本是描述性的，随着生态学的发展和研究内容的不断深入，草地演替的研究方法逐渐转变为定量分析。而随着数学方法在生态学研究中的应用和计算机科学的发展，在草地退化演替研究中广泛采用数学方法和计算机技术。例如，陈庆诚等（1981）采用数学分析方法，以种群盖度作为优势度的重要指标研究了针茅草原各个种群消长规律的特征曲线，建立了数学模型。杨持和叶波（1994）以种的丰富度为重要指标作为种的多度分布及 Shannon 信息多样性指数统计，并采用主分量分析法和组平均法对群落作数量分类与排序，划分出各群系的放牧退化演替阶段。王刚（1984）应用生境梯度法，Whittaker（1972）进行放牧衰退演替阶段的分类，为演替阶段的定量分析研究提供了一种方法。李守度（1984）采用最短距离法对亚高山草甸蒿草植被放牧衰退演替阶段进行了数值分类。李永宏（1994）借助 DCA、Twinspan 和 PCA 技术探讨各草地类型的放牧演替轨迹，建立草地的放牧退化模式，判别草地退化的数量指标和退化监测专家系统。赵松岭（1982）应用模糊数学分类的方法对演替阶段的分类进行了定量研究。王仁忠和李建东（1991）采用系统聚类分析法对羊草草地放牧演替阶段进行划分。

随着草地退化面积的扩大和加剧，对退化草地的恢复和重建迫在眉睫，其前提和基础则是对草地退化程度进行科学的诊断。目前，仍缺乏综合而简单实用的草地系统退化程度系统诊断方法。不同地区和不同草地类型有不同的草地退化演替过程，确定的指标体系标准也不相同，只有筛选出各地生产中操作性强的综合指标体系，才能使草地不同退化程度确定简单易行，才能使退化草地得到恢复。国内外许多研究者从植物群落的优势度、重要值、指示植物、物种多样性、土壤理化性质和微生物群落的变化等多方面研究了不同退化程度确定和诊断方法。但对土壤理化性状与植物群落指标耦合起来的研究很少。因此，建立简单的、可操作性强的综合指标是确定草地不同程度和退化草地恢复研究的核心内容。以往研究多采用定性指标和模糊分类（等级划分）相结合的半定量指标，不同类型草原的退化程度缺乏可比性，任继周（1998）提出草—畜系统耦合与系统相悖理论。国外学者对草—畜耦合等概念也有所涉及，但缺少系统耦合与相悖的度量方法。

2 试验区概况及试验设计

2.1 试验区地理位置

呼伦贝尔草原地处东经 115°31′00″~121°34′30″，北纬 47°20′00″~50°50′30″，总面积 997.3 万 hm^2。位于内蒙古高原东部，它东部和南部与海拔 700~1 000m 的大兴安岭相连；北有海拔 650~1 000m 的陈巴尔虎山地，西有相对高差 150m 的低山，仅南隅与蒙古高原连成一片，四周多为山地和丘陵环抱；中部的海拉尔台地是构成呼伦贝尔高平原的主体，海拔在 650~750m。

2.2 植被、土壤和草原概况

2.2.1 气候特征

呼伦贝尔草地属温带大陆季风气候，年降水 250~400mm，自东南向西北递减，年均温-3~0℃，自东南向西北递增，年蒸发量为降水的 2~7 倍。光、热、风能资源丰富，年均风速 3.0~4.6m/s，无霜期 80~120d。年均气温（1999—2008 年）和年均降水量（1999—2008 年）分别如图 2-1 和图 2-2 所示。

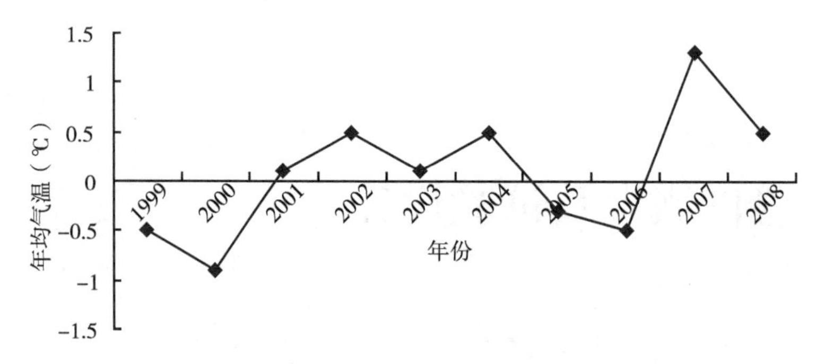

图 2-1 试验区年均气温和动态特征（数据来自海拉尔区气象局）

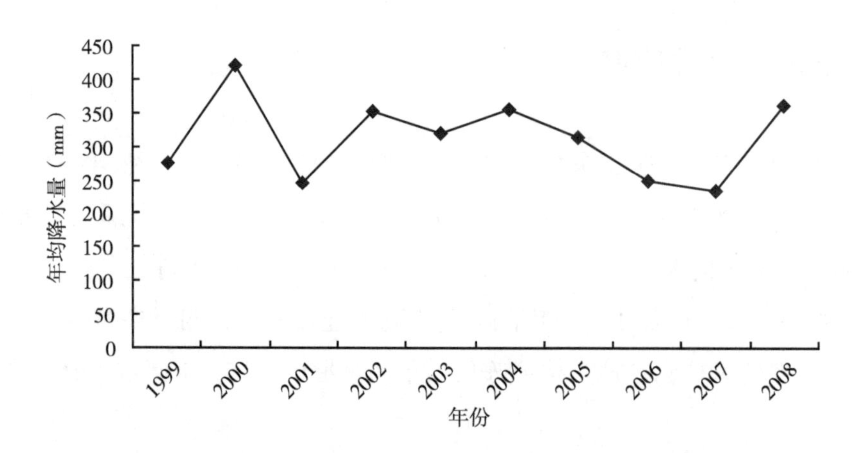

图 2-2 试验区年降水量动态特征（数据来自海拉尔区气象局）

2.2.2 植被特征

大兴安岭西麓距干旱中心稍远，又受山地气候的影响，相对来说较为湿润，在广阔的丘陵地区发育着种类组成十分丰富且面积又很大的线叶菊草原、贝加尔针茅草原和羊草草原。这 3 类草原以具有丰富杂类草为特征，四季季相分明而较华丽。线叶菊草原一般位于丘陵上部。贝加尔针茅草原占据着丘陵中部和下部以及平坦台地上，通常草群中具有多量的羊草参加，因而多半以贝加尔针茅+羊草草原的形式出现。当向西部的波状高平原过渡时，贝加尔针茅草原明显地被少杂类草的大针茅草原所替代。羊草草原则总是位于开阔的坡麓下部与谷地，优越的水分条件和深厚而肥沃的土壤是羊草草原发育的前提。当向干旱地带过渡时，羊草草原经常是依赖于水分优越的谷地向西延伸，并表现出与地下水联系密切，这里的羊草草原已失去草原的特性，更富有草甸的特点。干旱程度增加时，出现内蒙古草原中典型草原的地带性代表类型——大针茅草原。克氏针茅适应干旱的能力较之大针茅更强，因此在大针茅和贝加尔针茅草原分布范围内，由于放牧和侵蚀而导致土壤旱化的某些地段，也常常演变为克氏针茅草原（表2-1）。

表2-1 呼伦贝尔草原区植被分布规律及基本特征

群系	分布地带	土壤类型	主要群落类型	主要植物种类
线叶菊群系	丘陵坡地的中上部	黑钙土、暗栗钙土	线叶菊+贝加尔针茅	柴胡、防风、黄芩、蓬子菜、羊茅、日阴菅、沙参
			线叶菊+日阴菅	地榆、柴胡、大委陵菜、野火球、狭叶青蒿、广布野豌豆
贝加尔针茅群系	丘陵坡地的中下部	黑钙土、暗栗钙土	贝加尔针茅+线叶菊	日阴菅、麻花头、大针茅、柴胡、羊草
			贝加尔针茅+羊草	糙隐子草、洽草、达乌里胡枝子、扁蓿豆、日阴菅、线叶菊
羊草群系	高平原、丘陵坡地等排水良好的地形部位	黑钙土、暗栗钙土、普通栗钙土、草甸化栗钙土	羊草+贝加尔针茅	蓬子菜、日阴菅、线叶菊、柴胡、大油芒
			羊草+中生杂类草	山野豌豆、沙参、黄花苜蓿、地榆、蓬子菜
			羊草+旱生杂类草	冰草、糙隐子草、直立黄芪、知母
			羊草+日阴菅	蓬子菜、柴胡、唐松草、铁线莲
大针茅群系	高平原中、东部常与羊草草原交替分布	栗钙土、暗栗钙土	大针茅+羊草	洽草、糙隐子草、贝加尔针茅、柴胡
			大针茅+糙隐子草	羊草、冰草、冷蒿、地肤
克氏针茅群系	高平原西部、西部缓起伏丘陵坡地	栗钙土	克氏针茅+糙隐子草	冰草、洽草、寸草苔、冷蒿
			锦鸡儿+克氏针茅	糙隐子草、冷蒿、寸草苔、地肤

资料来源：潘学清，冯国钧，魏绍成，等，1992. 中国呼伦贝尔草地［M］. 长春：吉林科学技术出版社。

2.2.3 土壤特征

呼伦贝尔草地地带性土壤主要为黑钙土和栗钙土。黑钙土主要分布在大兴安岭山麓丘陵，海拔700~1 000m，向西逐渐过渡到呼伦贝尔高平原。黑钙土由北向南跨越额尔古纳旗南部、陈巴尔虎旗东部、牙克石西部、海拉尔东部以及鄂温克自治旗东南部，西部与栗钙土地带相接，东部与灰色森林土镶相嵌，组成森林草原带的土壤组合，地形大部为低山丘陵，在波状高平原及河流阶地也有大面积分布。黑钙土分布区属于半湿润大陆性季风气候。黑钙土地带土层30~50cm，0~20cm土层有机质含量7.32%，全氮0.35%，速效氮266.03mg/kg，代换量30.66mg/100g，pH值7.0~7.5。黑钙土地带广泛分布着线叶菊、羊茅、线叶菊+贝加尔针茅、羊草+杂类草草甸草原，为天然草地所覆盖，形成草地生产力较高的温性草甸草原类草场。栗钙土地带位于呼伦贝尔高平原中西部，海拔600~1 100m，是波状起伏高平原和低山丘陵地形，在黑钙土带以西，是呼伦贝尔草原区分布面积最大的一个土带，主要在牧业四旗。其中暗栗钙土占2/3。栗钙土的气候属于温带半干旱大陆性气候，由于气温从东向西逐渐增高，湿润度由东向西逐渐降低，且变化幅度较大，导致形成暗栗钙土与栗钙土亚带的差异。栗钙土地带土层厚20~40cm，0~20cm土层有机质含量3.06%，全氮0.20%，速效氮102.06mg/kg，代换量16.10mg/100g，pH值7.5~8.5。栗钙土是草原植被生长的基础土壤，植被以根茎禾草、丛生禾草为主，以羊草、糙隐子草、大针茅、克氏针茅为建群种和优势种形成的典型草原，进而在呼伦贝尔高平原上形成面积最大的温性干草原类草场。

2.2.4 试验区草原现状

呼伦贝尔草原是当地牧民赖以生存和发展的物质基础，是维持该地区生态系统平衡的重要条件。人类活动对呼伦贝尔草原的干扰主要包括放牧、开垦、狩猎、樵采和旅游等，其中放牧对草原生态系统的影响最为严重。

放牧是该草原最主要的利用方式。呼伦贝尔草原可利用面积 997.3万 hm^2，其中放牧地 885.0万 hm^2，占可利用草地总面积的 88.7%，在牧区 720.0万 hm^2 可利用草地中，放牧地为 607.0万 hm^2，占牧区草地的 95.8%。牧区放牧地利用的特点是：从生产需要出发，按季节、地形、气候、草地植被差异性及不同种类牲畜对牧草的适应性，把放牧地划分为暖季和冷季两个季节营地，冷暖季牧场面积的比例基本为 2：1。夏秋利用河流、湖泡沿岸草地和具有较多葱类植物的草地，春季在沙地植被草场，冬季在缺水草场利用积雪进行放牧。

近年来，由于全球性的气候干旱、牧区人口增加，草原人为活动破坏和过度放牧利用，退化草原超过可利用草原面积的 40%，且每年以 2%的速率纵深扩展。目前呼伦贝尔市退化草地面积 399.3万 hm^2，与 20 世纪 70 年代相比增加了近 4 倍，理论载畜量下降了 46%，植被盖度降低 10%～20%，草地产草量下降 30%～50%，草原布氏田鼠鼠害每 4～5 年大暴发一次，受害面积达 100万 hm^2，草原上的 3 条沙带总面积 88万 hm^2，逐年蔓延扩大，一些草原开垦后出现了严重的水土流失现象。不仅如此，在草地生态环境日益恶化的同时，家畜的生产性能逐渐降低，畜产品的质量和安全缺乏保障，畜牧业经济效益逐渐下滑，牧民群众因生活水平发展的需要，不断扩大饲养规模，形成了越养越穷、越穷越养的恶性循环。

2.3 试验样地概况

羊草+杂类草试验区位于海拉尔区谢尔塔拉镇六队，东经 120°2′61″～120°2′14″，北纬 49°23′14″～49°23′65″，海拔 629～635m。主要物种有羊草（*Leymus chinensis*）、贝加尔针茅（*Stipa baicalensis*）、日阴菅（*Carex pediformis*）、蓬子菜（*Galium verum*）、狭叶柴胡（*Bupleurum scorzoneraefolium*）、线叶菊（*Filifoloum sibiricum*）等。贝加尔针茅+羊草群落位于海拉尔区谢尔塔拉镇十一队，东经 120°7′51″～120°8′66″，北纬 49°7′51″～49°8′66″，海拔 653～656m。

主要物种有贝加尔针茅、羊草、日阴营、糙隐子草（*Cleistogenes squarrosa*）、洽草（*Koeleria crista*）、扁蓿豆（*Melilotus ruthenica*）、线叶菊等。中温带半干旱大陆性气候，年均气温－2.4℃，最高、最低气温分别为36.17℃和－48.5℃；≥10℃年积温1 580～1 800℃，无霜期110d；年平均降水量350mm，多集中在7—9月，变率较大。土壤为暗栗钙土。自由放牧，六队奶牛612头、十一队868头。

2.4 研究方法

2.4.1 试验设计

根据草地的利用情况和利用程度，以及草地植被的现况，依照李博（1997）提出的草地退化分级及其划分标准，在植被、土壤和地形条件相对一致的地段，以居民点为一端，沿草原群落变化的方向由里向外辐射，沿轻度退化区向居民点方向每个退化程度设置两个样带。两个群落不同退化程度的样带设置如图2-3所示。

2.4.2 植被调查与取样

2007—2008年，草原植物群落生物量达到高峰期时（8月中旬），在试验区每条样带的每个退化程度随机取面积为1m×1m的样方，重复5次。野外植被学调查采用常规调查法。植物多度采用计数法测定、植被盖度采用目测法测定、用直尺测量每个物种的自然高度、地上生物量测定，齐地面剪取茎叶，然后分种计数并称取鲜重后，装入纸袋中在105℃恒温下烘干12h，称其干重。群落地下生物量测定；在测定植物群落的同时，在剪取地上生物量的样方内挖取30cm×30cm的土样，以10cm为标准分4个层次，重复3次。用1mm土壤筛冲洗根系，在105℃恒温下烘干24h，称其干重。

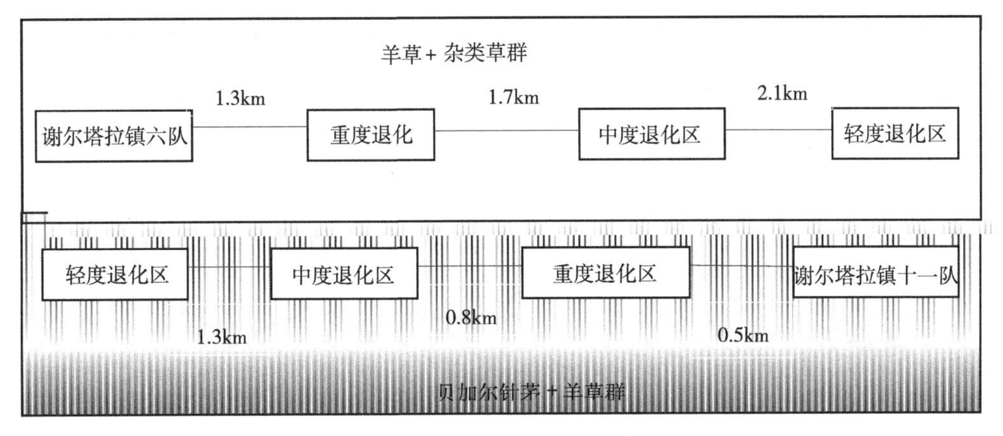

图 2-3 不同退化程度试验区设置

2.4.3 土壤调查与取样

2008 年 8 月，在植物群落调查的样方内挖取 3 个 40cm 深的土壤剖面，用土壤环刀（$V=100cm^3$）采取 0~10cm、10~20cm、20~30cm、30~40cm 深度的土壤样品，装入铝盒，用于土壤容重和含水量测定（称出湿重后，在 105℃烘箱中连续烘 24h 称干重，计算土壤含水量和容重）。再采集同样层次和深度的土壤分析样品装入布袋（将各点采得的样品混合），风干后样品做化学成分测定。包括土壤有机质、全氮和速效养分。分析测定方法：土壤有机质用重铬酸钾容量法、全氮用半微量凯氏定氮法、速效氮用蒸馏法、土壤速效磷用钼锑抗比色法、速效钾用 NH_4OAc 浸提-火焰光度法、pH 值用电位法进行分析测定，土壤机械组成用简易比重计法测定。

2.4.4 土壤微生物的测定

在以上土壤剖面每个放牧强度取 3 个点，每个点重复取样 3 次，土层每 10cm 为 1 层，共 4 层（0~10cm、10~20cm、20~30cm、30~40cm）。装入布袋内的塑料袋中，封闭后装入保鲜袋，带回实验室培养，供土壤微生物各类群数量的测定。采用稀释平皿涂布培养计数法。好气性细菌采用牛肉膏蛋白胨琼脂培养基；芽孢细菌采用牛肉膏蛋白胨麦芽汁琼脂培养基（土壤稀释液75~80℃处理10~15min，冷却后接种）；放线菌采用淀粉铵盐琼脂培养基；真菌采用马丁（Martin）氏孟加拉红琼脂培养基。每一类群设3次重复，选3个稀释度，分别接种后置无菌培养室培养，2~10d内分别对不同类群进行计数。

2.5 数据处理方法

2.5.1 物种重要值

植物群落物种重要值计算公式为：

重要值=（相对高度+相对密度+相对盖度）/3

式中，相对高度=某一植物种的高度/各植物种高度之和×100；相对密度=某一植物种的个体数/全部植物种的个体数×100；相对盖度=某一植物种的盖度/各植物种的分盖度之和×100。

2.5.2 植物群落多样性

2.5.2.1 植物群落α多样性

根据物种数目、所有植物种的个体数和重要值，利用以下公式计算群落α多样性。

Margarlef 丰富度指数（Ma）$Ma = (S - 1)/\ln N$

Shannon-Wiener 多样性指数（H'）$H' = -\sum P_i \ln (P_i)$

Simpson 多样性指数（D）$D = 1 - \sum (P_i)^2$

Pielou 均匀度指数（Jp）$Jp = \sum P_i \ln (P_i) / \ln (S)$

式中，S 为物种数目；N 为所有物种个体数目；P_i 为 IV/∑IV（IV 为重要值）。

2.5.2.2 群落β多样性

β多样性指数采用 Whittaker 指数（β_w）公式：

$$\beta_w = S/ma - 1$$

式中，S 为所研究系统中记录的物种总数；ma 为各样方或样本的平均物种数。

2.5.2.3 群落相似性系数

群落相似性，采用 Sorensen 相似性指数，计算公式为：

$$CSI = 2C/A+B$$

式中，C 为 A、B 两群落所共有的物种数；A 为 A 群落物种数；B 为 B 群落物种数；CSI 为群落相似性指数。

2.5.3 土壤的计算方法

用烘干法计算土壤含水量和容重。

$$土壤含水量（\%）=（w_2-w_3）/（w_2-w_1）\times 100$$

式中，w_1 为铝盒重（g）；w_2 为铝盒重+湿样重（g）；w_3 为铝盒重+烘干样品重（g）。

$$土壤容重\ dv（g/cm^3）= w/v$$

式中，v 为环刀内容积（cm^3）；w 为环刀内干土重（g）。

数据分析采用方差分析、主成分分析和典型相关分析，SAS9.0 统计软件。

2.5.4 模糊综合评价计算方法

模糊综合评价方法通常建立模糊矩阵，确定各指标的权重，计算综合评价值进行综合判别。研究采用模糊综合评价方法计算差异性系数，利用模糊综合评价方法所得到的差异性系数称为指示度。评价过程如下。

设不同退化程度草地集（处理集）为 $X=X_1, X_2, \cdots, X_i, \cdots, X_n$

设各项影响草地的因素集为 $U=U_1, U_2, \cdots, U_j, \cdots, U_m$

特征矩阵为 $U_{n\times m}=(U_{ij})_{n\times m}$

$$r_{ij}=R(X_{ij}, U_{ij})=\begin{cases}1, \text{当 } U_{ij}=\max(U_{1j}, U_{2j}, \cdots, U_{nj}) \\ \dfrac{U_{ij}}{\max(U_{1j}, U_{2j}, \cdots, U_{nj})} \\ 2, \text{当 } U_{ij}<\max(U_{1j}, U_{2j}, \cdots, U_{nj})\end{cases}$$

$r\in[0, 1]$

评价矩阵 $R=(r_{ij})_{n\times m}$

取评价函数分别为：

$D_1=1/\mathrm{m}\times(r_{i1}+r_{i2}+\cdots+r_{im})$

$D_2=\max(r_{i1}, r_{i2}, \cdots, r_{im})$

$D_3=\min(r_{i1}, r_{i2}, \cdots, r_{im})$

分别计算得 d_{i1}, d_{i2}, d_{i3}

令 $U_1=(D_1, D_2, D_3)$，$R_1=F(X\times U_1)$ 即

R_1	D_1	D_2	D_3
X_1	d_{11}	d_{12}	d_{13}
X_2	d_{21}	d_{22}	d_{23}
⋮	⋮	⋮	⋮
Xn	d_{n1}	d_{n2}	d_{n3}

再令 $D=1/3\times(d_{i1}+d_{i2}+d_{i3})$

计算最后评判指标 d_i 做出评价。其中，对轻度退化区为稳定草地，$d=1$；各个退化程度评价的系数在 0~1，系数越接近 1，草地越接近稳定状态。

3 不同程度退化草地特征分析

3.1 不同程度退化草地植被系统特征

3.1.1 群落物种组成变化

3.1.1.1 群落物种组成变化

通过对呼伦贝尔草甸草原贝加尔针茅+羊草群落和羊草+杂类草群落不同退化程度下植物群落的野外调查发现，羊草+杂类草群落随着退化程度的增加，羊草的重要值具有逐渐上升的趋势，但上升幅度很小，中度比轻度上升2.47%、重度上升29.37%，而贝加尔针茅的重要值先上升后降低，中度比轻度上升84.24%，重度比轻度下降76.72%；一部分伴生种及常见种的重要值先增加后减少，如糙隐子草、斜茎黄芪、防风、扁蓿豆、星毛委陵菜、尖头叶藜，一部分则是逐渐降低，如长柱沙参、黄蒿；而寸草苔、蒲公英、二裂委陵菜、大委陵菜、披针叶黄华等的重要值明显上升，有的偶见种随着退化程度的增加而逐渐从群落中消失。如羊茅、细叶葱、双齿葱、囊花鸢尾、日阴菅、草木樨、山野豌豆、多裂叶荆芥、广布野豌豆、野韭、硬皮葱、棉团铁线莲、地榆等；而草地风毛菊、独行菜、平车前、旋复花、野艾蒿、箭头唐松草等随着退化程度的增加而出现。而且每个退化程度的物种数有很大的差别，中度退化草地比轻度退化草地物种数减少了20%，重度退化比轻度退化减少了 56.92%（表 3-1）。

表 3-1　不同退化程度下物种组成和重要值变化

植物种类	羊草+杂类草群落			贝加尔针茅+羊草群落		
	轻度	中度	重度	轻度	中度	重度
羊草 *Leymus chinensis*	13.517 7	13.851 4	17.488 5	7.985 0	9.768 1	10.824 1
贝加尔针茅 *Stipa baicalensis*	6.906 9	12.725 0	1.608 1	5.448 4	4.376 3	2.895 6
糙隐子草 *Cleistogenes squarrosa*	5.400 7	12.806 9	10.437 9	1.564 7	7.261 7	21.799 6
羊茅 *Festuca ovina*	0.367 6	0.301 1		0.505 7	0.484 4	
斜茎黄芪 *Astragalus adsurgens*	1.104 6	1.941 3	1.244 0	0.373 8		0.254 5
狭叶青蒿 *Artemisia dracunculus*		0.585 8		2.603 2	5.201 4	
细叶葱 *Allium tenuissimum*	0.833 1	0.381 0		0.984 1	0.951 4	
细叶白头翁 *Pulsatilla turczaninovii*	4.430 2	0.434 3		7.437 2	5.515 7	2.661 7
瓦松 *Orostachys fimbriatus*	0.124 3			0.119 7		
寸草苔 *Carex duriuscula*	7.092 9	8.863 5	28.126 0	1.883 4	5.535 8	19.596 2
双齿葱 *Allium bidentatum*	0.992 2	0.105 8		3.357 9	1.865 3	0.422 5
长柱沙参 *Adenophora stenanthina*	3.527 9	3.423 8	0.405 7	2.745 5	0.796 3	0.479 4
蓬子菜 *Galium verum*	0.850 1	0.373 9		2.602 7	3.384 8	0.179 5
草地麻花头 *Serratula komarovii*	1.468 9	0.301 6		4.625 0	4.760 3	2.393 4
轮叶委陵菜 *Potentilla verticillaris*	0.108 5	0.557 1		0.802 6	0.795 0	1.504 2
裂叶蒿 *Artemisia laciniata*	5.579 6			6.556 7	9.116 8	4.381 2
冷蒿 *Artemisia frigida*	0.658 2	0.076 0		1.345 3	1.360 3	2.900 7
菊叶委陵菜 *Potentilla tanacetifolia*	0.335 9	0.264 9				
防风 *Saposhnikovia divaricata*	2.406 6	2.890 6	0.948 0			
细叶柴胡 *Bupleurum scorzonerifolium*	3.660 2	1.455 0		0.834 3	0.644 0	0.179 9
叉枝鸦葱 *Scorzonera divaricata*	0.407 6			0.654 3	0.309 8	
扁蓿豆 *Melilotus ruthenica*	0.149 4	2.473 5	1.220 1	2.185 0	1.198 7	0.280 2
星毛委陵菜 *Potentilla acaulis*	3.857 4	7.863 1	0.145 3	0.484 8	3.897 4	2.718 5
囊花鸢尾 *Iris ventricosa*	0.765 7	0.114 7		1.849 4	2.496 6	0.348 4
白婆婆纳 *Veronica incana*		0.140 7			0.139 4	
蒲公英 *Taraxacum mongolicum*	1.644 4	1.814 5	6.203 3	0.248 6	0.347 1	3.194 2
展枝唐松草 *Thalictrum squarrosum*	2.709 7		0.339 8	1.949 0	2.056 5	0.486 8

（续表）

植物种类	羊草+杂类草群落			贝加尔针茅+羊草群落		
	轻度	中度	重度	轻度	中度	重度
洽草 *Koeleria cristata*	1.150 4			0.924 2	2.562 2	0.683 9
二裂委陵菜 *Potentilla bifurca*	1.393 4	3.422 5	4.417 3	2.235 6	3.388 5	2.874 2
狗舌草 *Tephroseris kirlowii*	0.048 4					
日阴菅 *Carex thunbergii*	2.409 0			17.018 3	10.423 2	4.029 3
刺藜 *Chenopodium aristatum*			0.468 2	0.510 0	0.215 6	0.460 1
铁杆蒿 *Artemisia gmelinii*	0.085 5			1.181 0	0.176 2	
细叶沙参 *Adenophora stenophylla*	0.311 2				1.073 2	0.885 4
草木樨 *Melilotus suaveolens*	0.076 2	0.090 0		0.339 2	0.229 7	
山野豌豆 *Vicia amoena*	0.518 4	0.156 7		1.476 0	0.155 6	
并头黄芩 *Scutellaria. scordifolia*		0.263 9		0.146 9		
紫花地丁 *Corydalis bungean*	1.734 6	1.680 6	0.162 3	0.845 2	1.076 7	2.146 5
羽茅 *Achnatherum sibiricum*	3.111 6	0.602 2	0.904 3	3.309 5	1.337 9	0.428 7
多裂叶荆芥 *Schizonepeta multifida*	0.357 0	0.572 9		1.542 9	0.592 4	
草地风毛菊 *Saussurea amara*		0.331 4	1.245 1	0.737 6	0.567 9	
紫苞鸢尾 *Iris ruthenica*		0.083 8		0.396 1	0.184 6	
鸦葱 *Scorzonera austriaca*	0.324 9			0.216 6		
费菜 *Sedum aizoon*	0.063 2			0.353 7		
东北大戟 *Euphordia mandshurica*	0.140 0	0.243 7		0.360 5		0.138 3
大委陵菜 *Potentilla nudicaulis*	1.214 8	1.665 9	2.696 1	1.156 8	0.726 6	1.535 0
广布野豌豆 *Vicia cracca*	0.218 6	0.206 0		0.225 9	0.547 3	
野韭 *Allium ramosum*	0.260 2	0.176 4		0.306 7	0.176 2	
石竹 *Dianthus chinensis*		0.206 4		0.209 9	0.267 4	
火绒草 *Leontopodium leontopodioides*		0.187 7		0.222 2		
光稃茅香 *Hierochloe glabra*				0.233 5		
阿尔泰狗娃花 *Heteropappus altaicuc*	0.471 2			0.506 1	0.137 3	
黄蒿 *Artemisia scoparia*	1.261 7	0.849 9	0.485 7	0.411 1		
硬皮葱 *Allium ledebourianum*	1.019 0	0.491 1		0.319 0	0.891 1	0.457 7
燥原荠 *Ptilotrichum canescens*	0.096 3			0.239 1	0.187 6	
尖头叶藜 *Chenopodium acuminatum*	7.843 2	3.819 0	3.333 6		0.299 8	3.234 8

（续表）

植物种类	羊草+杂类草群落			贝加尔针茅+羊草群落		
	轻度	中度	重度	轻度	中度	重度
棉团铁线莲 *Clematis hexapetla*	0. 188 9	0. 550 0		0. 209 7	0. 683 4	0. 730 3
披针叶黄华 *Thermopsis lanceolata*	0. 329 6	1. 291 9	4. 727 9		0. 622 9	1. 582 8
抱茎苦荬菜 *Ixeris sonchifolia*	0. 310 5				0. 059 7	0. 171 1
山莓草 *Sibbaladia procumbens*	0. 100 1		1. 876 2		0. 151 2	0. 051 8
鹤虱 *Lappula myosotis*	0. 151 3					0. 380 7
独行菜 *Lepidium apetalum*			0. 233 1			0. 790 5
地榆 *Sanguisorba officinalis*	0. 696 0	0. 533 4				1. 178 5
扁蓿蓼 *Polygonum aviculare*						0. 433 3
无芒雀麦 *Bromus inermis*	0. 254 0		1. 578 3			
狗尾草 *Setaria viridis*	0. 576 9	0. 111 0				
猪毛菜 *Salsola collina*	0. 211 7	0. 313 8				
多叶棘豆 *Oxytropis myriophylla*	0. 678 4					
毛轴蚤缀 *Arenaria juncea*	0. 261 4					
山苦荬 *Ixeris chinensis*	0. 328 1	0. 723 5				
蒙古韭 *Allium mongolicum*	0. 400 7	0. 329 2				
蒙古蒿 *Artemisia mongolica*	0. 833 8					
叉分蓼 *Polygonum divaricatum*	0. 418 4					
柳穿鱼 *Linaria vulgarris*	0. 199 6					
细叶景天 *Sedum middendorfianum*	0. 189 3					
线叶菊 *Filifolium sibiricum*	0. 516 8			0. 130 7		
翻白委陵菜 *Potentilla discolor*	0. 207 1	0. 109 2				
女娄菜 *Silene aprica*		0. 130 8				
平车前 *Plantago depressa*		0. 066 5	0. 592 6			0. 506 1
旋复花 *Inula britanica var japonica*			1. 858 9			0. 676 9
野艾蒿 *Artemisia lavandulaefolia*			2. 430 4			
箭头唐松草 *Thalictrum simpleex*			1. 304 1			
瓣蕊唐松草 *Thalictrum petaloideum*				1. 009 4	0. 378 6	0. 291 1
细齿草木樨 *Melilotus dentatus*				0. 371 4	1. 407 4	
多茎野豌豆 *Vicia multicaulis*				0. 799 9	0. 253 5	

（续表）

植物种类	羊草+杂类草群落			贝加尔针茅+羊草群落		
	轻度	中度	重度	轻度	中度	重度
长叶百蕊草 *Thesium longifolium*				0.114 8	0.166 8	
细叶百合 *Lilium pumilum*				0.581 4		
漠蒿 *Artemisia desertorum*				0.262 6		
狼毒大戟 *Euphordia fischeriana*					0.287 6	0.959 9
女菀 *Turczaninowia fastigiata*					0.182 9	
硬质早熟禾 *Poa sphondylodes*	2.033 0		0.697 7	0.339 9		
白花草木樨 *Melilotus albus*					0.020 2	0.290 0
物种数合计	65	52	28	58	55	43

贝加尔针茅+羊草群落随着退化程度的增加，贝加尔针茅和日阴菅的重要值均呈下降的趋势，下降的幅度不同。贝加尔针茅在中度退化区比轻度退化区降低 19.68%，重度降低 46.85%，而日阴菅下降的幅度比贝加尔针茅大，中度比轻度降低 38.75%，重度降低 76.32%。羊草的重要值呈上升趋势，但幅度相对较小，分别为 22.33%和 35.56%。伴生种及常见种，如细叶白头翁、双齿葱、长柱沙参、细叶柴胡、扁蓿豆等均呈下降趋势；寸草苔、冷蒿、蒲公英、尖头叶藜、披针叶黄华等退化标志性植物呈上升趋势；偶见种草木樨、山野豌豆、并头黄芩、多裂叶荆芥、阿尔泰狗娃花、紫苞鸢尾、广布野豌豆、石竹、火绒草、光茯茅香、黄蒿等从群落中消失，而鹤虱、独行菜、平车前、旋复花等，随着退化程度的增加而出现。每个退化程度的物种数有很大的差别，在中度退化草地比轻度退化草地物种数减少了 5.17%，重度退化比轻度退化减少了 25.86%。可见，随着退化程度的增加，植物群落向着偏离顶极的方向演替，各物种的变化趋势表现不一，日阴菅与贝加尔针茅呈下降趋势，而羊草却具有增加的趋势。说明羊草更耐牧，日阴菅与贝加尔针茅的耐牧性差。伴生种及常见种中重要值变化也呈不同趋势。其中，优质牧草及个体较大的物种重要值均下降，而糙隐子草、寸草苔、披针叶黄华等草地退化的指

示种呈上升趋势。

3.1.1.2 群落物种分科特征变化

表3-2表明，呼伦贝尔草甸草原植物群落主要由禾本科、豆科、菊科、百合科、毛茛科、蔷薇科、莎草科等植物组成。在不同退化阶段具有较大的差异性。

羊草+杂类草群落：禾本科植物在轻度退化程度下为8种，占群落物种总数的11.94%；中度退化区为6种，占群落物种数的11.54%；重度退化区为6种，占群落物种总数的20.69%。豆科植物在轻度退化程度下7种，占群落物种总数的10.45%；中度退化区为6种，占群落物种数的11.54%；重度退化区为3种，占群落物种总数的10.34%。菊科植物轻度退化程度下为12种，占群落物种总数的18.18%；中度退化区为8种，占群落物种数的15.38%；重度退化区为5种，占群落物种总数的17.86%。莎草科物种数减少，但是百分比增加。百合科植物在轻度和重度退化区物种数没有变化，但在重度退化区消失。蔷薇科和毛茛科植物，随着退化程度的增强而增加。其他科植物，在轻度退化程度下为19种，占群落物种总数的28.36%；中度退化区为16种，占群落物种数的30.77%；重度退化区为7种，占群落物种总数的24.14%，随着退化程度的增强呈先增加后减少的趋势。以上结果说明在羊草+杂类草群落里禾本科、菊科、蔷薇科和毛茛科植物具有很强的耐践踏能力，而豆科及其他科植物的耐牧性比贝加尔针茅的差。

贝加尔针茅+羊草群落：禾本科植物在轻度退化程度下为8种，占群落物种总数的13.56%；中度退化区为6种，占群落物种数的10.91%；重度退化区为5种，占群落物种总数的11.63%。豆科植物在轻度退化程度下为7种，占群落物种总数的11.86%；中度退化区为8种，占群落物种数的14.55%；重度退化区为3种，占群落物种总数的6.98%。菊科植物在轻度退化程度下为13种，占群落物种总数的22.03%；中度退化区为11种，占群落物种数的

20%；重度退化区为 5 种，占群落物种总数的 11. 63%。莎草科物种数在每个退化程度里都是 2 种，占群落物种总数的百分比随着退化程度的增加而增加。百合科植物在轻度退化程度下为 5 种，占群落物种总数的 8. 47%；中度退化区为 4 种，占群落物种数的 7. 27%；重度退化区为 2 种，占群落物种总数的 4. 65%。蔷薇科和毛茛科植物，随着退化程度的增强具有逐渐增加的趋势。其他科植物，在轻度退化程度下为 15 种，占群落物种总数的 25. 42%；中度退化区为 15 种，占群落物种数的 27. 27%；重度退化区为 16 种，占群落物种总数的 37. 21%。以上结果说明禾本科、菊科、豆科植物耐牧性较差，而蔷薇科、毛茛科和其他科的植物具有很强的耐牧性。

表 3-2　不同退化程度下植物组成分科特征

物种	羊草+杂类草群落						贝加尔针茅+羊草群落					
	轻度		中度		重度		轻度		中度		重度	
	种	占比（%）	种	占比（%）	种	占比（%）	种	占比（%）	种	占比（%）	种	占比（%）
禾本科	8	11. 94	6	11. 54	6	20. 69	8	13. 56	6	10. 91	5	11. 63
豆科	7	10. 45	6	11. 54	3	10. 34	7	11. 86	8	14. 55	3	6. 98
菊科	12	18. 18	8	15. 38	5	17. 86	13	22. 03	11	20. 00	5	11. 63
莎草科	2	2. 99	1	1. 92	1	3. 45	2	3. 39	2	3. 64	2	4. 65
百合科	5	7. 46	5	9. 62	0	0. 00	5	8. 47	4	7. 27	2	4. 65
蔷薇科	8	11. 94	7	13. 46	4	13. 79	4	6. 78	5	9. 09	6	13. 95
毛茛科	3	4. 48	2	3. 85	2	6. 90	4	6. 78	4	7. 27	4	9. 30
其他	19	28. 36	16	30. 77	7	24. 14	15	25. 42	15	27. 27	16	37. 21
物种数合计	66	81. 48	51	62. 96	28	34. 57	59	86. 76	55	80. 88	43	63. 24
	81 种						68 种					

3.1.1.3 群落生活型变化

在天然状态下，每一个植物群落都是由几种不同生活型的植物组成。由图 3-1 和图 3-2 可知，本次野外调查到 93 个物种，分属 19 科。在空间层次上只有草本层，其中多年生草本植物在不同退化程度草地群落中占绝对优势，分别占轻度、中度、重度退化程度下植物群落物种总数的 87.88%、84.62% 和 78.57%（羊草+杂类草群落），94.92%、90.91%和 79.06%（贝加尔针茅+羊草群落），中度退化和重度退化草地比轻度退化草地分别下降为 3.71%和 10.59%（羊草+杂类草群落），4.23%和 16.71%（贝加尔针茅+羊草群落），呈现明显递减规律。一二年生植物在不同退化程度草地群落中所占的比例较少，分别占各自群落物种总数的 10.61%、11.54%和 17.86%（羊草+杂类草群落），3.39%、7.27%和 18.60%（贝加尔针茅+羊草群落），而到中度退化和重度退化草地比例则分别比轻度退化区上升 8.06%和 40.59%（羊草+杂类草群落），53.37%和 81.77%（贝加尔针茅+羊草群落），呈现明显递增规律。灌木类只出现一种半灌木，在两个群落不同退化程度下物种数没有变化，但是因为随着退化程度的增加群落物种数减少，所以在群落里所占的比例增加。

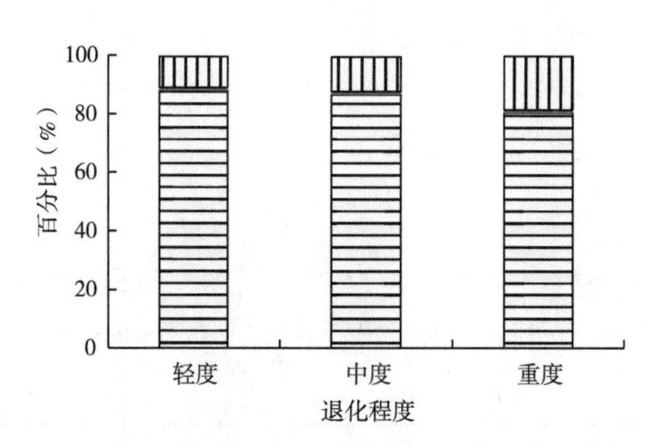

图 3-1　羊草+杂类草群落不同退化程度下植物群落生活型结构

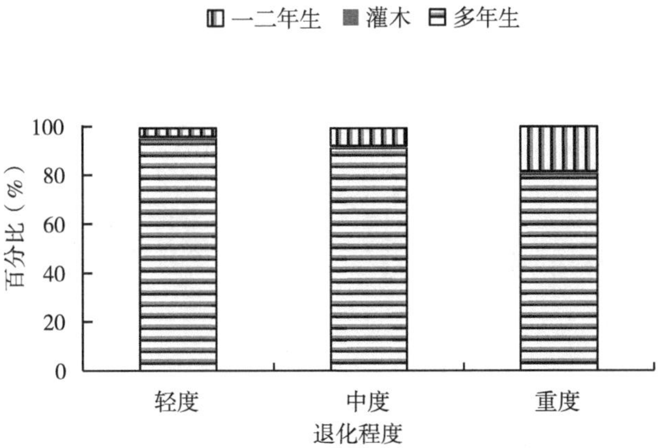

图 3-2　贝加尔针茅+羊草群落不同退化程度下植物群落生活型结构

3.1.2　植物群落结构变化

3.1.2.1　植物群落数量特征变化

（1）群落盖度变化

两个群落的植被数量特征如图 3-3 所示，群落盖度方差分析结果（图 3-3a）显示，羊草+杂类草群落不同退化程度之间均有显著性差异，轻度显著高于中度和重度，中度和重度之间有显著差异；贝加尔针茅+羊草群落不同退化程度之间也均有显著性差异，轻度显著高于中度和重度，中度和重度之间有显著差异，贝加尔针茅+羊草群落降低幅度比羊草群落小。

（2）群落高度变化

群落高度如图 3-3b 所示，羊草+杂类草群落不同退化程度之间显著降低，轻度显著高于中度和重度，中度和重度之间有显著差异；贝加尔针茅+羊草群落不同退化程度之间显著降低，轻度显著高于中度和重度，中度和重度之间有显著差异。降低幅度较大，其中羊草+杂类草群落的降低幅度大于贝加尔针茅+羊草群落的降低幅度。以上结果说明，羊草+杂类草群落退化程度要比贝加尔针茅+羊草群落退化程度严重。

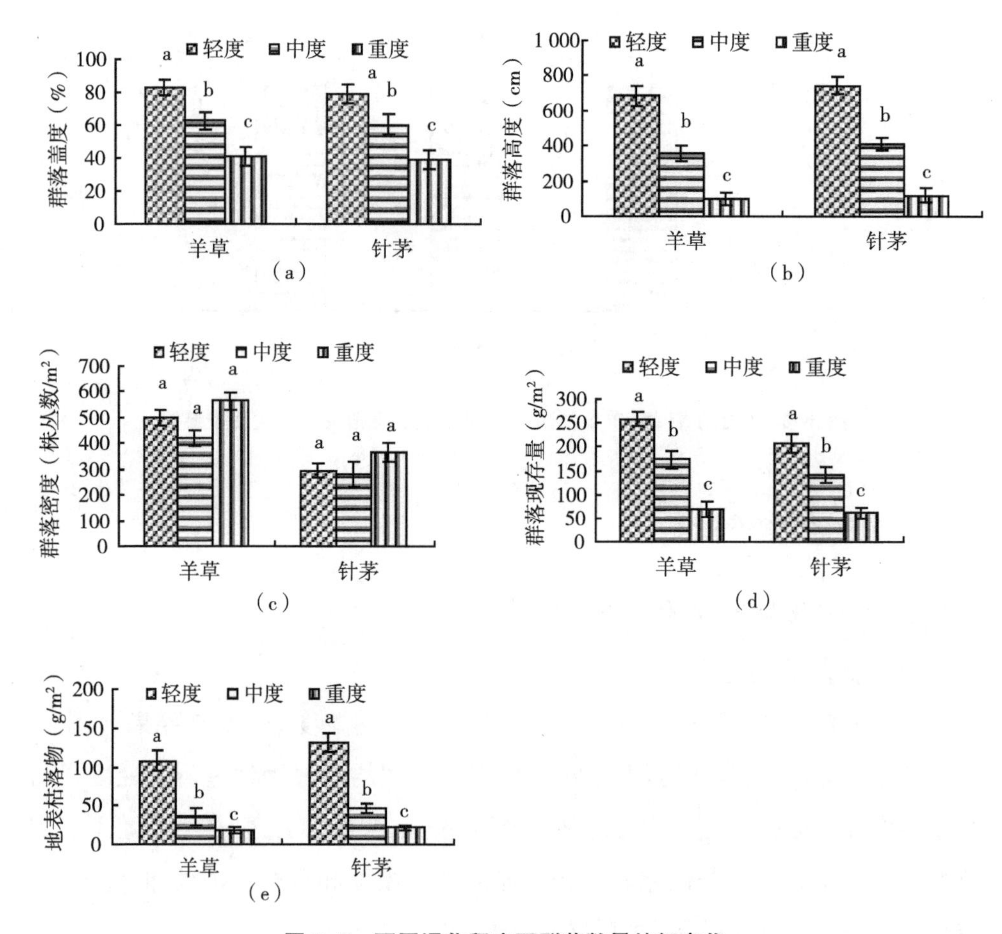

图 3-3　不同退化程度下群落数量特征变化

（3）群落密度变化

群落密度变化与盖度和高度变化有所不同，如图 3-3c 显示，羊草+杂类草群落密度不同退化程度之间没有显著性差异，随着放牧程度的加大，群落密度具有先降低后增加的趋势。轻度高于中度，低于重度；贝加尔针茅+羊草群落不同退化程度之间变化的趋势与羊草+杂类草群落相同，也不存在显著性差异，有轻度高于中度、低于重度的趋势。羊草+杂类草群落密度增加的趋势要比贝加尔针茅+羊草群落大。两个群落密度变化规律为在中度退化区降低，而在重度退化区增加。

（4）群落现存量变化

研究表明，群落现存量（图 3-3d）羊草+杂类草群落不同退化程度之间显著降低，轻度显著高于中度和重度，中度和重度之间有显著性差异；贝加尔针茅+羊草群落不同退化程度之间显著降低，轻度显著高于中度和重度，中度和重度之间有显著性差异；羊草+杂类草群落降低幅度大于贝加尔针茅+羊草群落。

（5）地表枯落物

草地在放牧利用下，必然引起枯落物层积累的减少，甚至消失。本试验结果表明（图 3-3e），羊草+杂类草群落枯落物在不同退化程度之间显著降低，轻度显著高于中度和重度，中度和重度之间有显著性差异；贝加尔针茅+羊草群落不同退化程度之间显著降低，轻度显著高于中度和重度，中度和重度之间有显著性差异。

（6）地下生物量变化

地下生物量在不同退化程度下，随着植物群落的地上部分发生分异而变化。经试验测定如表 3-3 和表 3-4 所示。

羊草+杂类草群落：0～40cm 土层总根量（表 3-3）在轻度退化区显著高于中度和重度退化区，但后两者之间不存在显著差异；表层 0～10cm 内，轻度退化区显著高于中度和重度退化区，中度和重度之间没有显著性差异；10～20cm 内，轻度和中度退化区显著高于重度退化区，轻度和中度之间没有显著性差异；20～30cm 内，各退化程度之间没有显著性差异；30～40cm 内，中度退化区显著高于轻度和重度退化区，轻度和重度之间没有显著性差异。

贝加尔针茅+羊草群落：0～40cm 土层总根量（表 3-3），轻度和中度显著高于重度退化区，两者之间没有显著差异。0～10cm 土层，轻度显著高于重度退化区，轻度和中度之间无显著差异。10～20cm 土层，轻度和中度退化区显著高于重度退化区，轻度和中度之间没有显著性差异。20~30cm 土层，各退化程度之间均有显著性差异，轻度高于中度、重度。30~40cm 土层，各退化程度之间均有显著性差异，轻度高于中度、重度。

两个群落地下生物量变化有所差异，总的趋势是羊草+杂类草群落地下生物量轻度退化程度显著高于中度和重度，中度和重度之间差异不显著，而贝加尔针茅+羊草群落轻度与重度之间差异显著，与中度之间没有差异，说明减少的幅度比羊草+杂类草群落的下降幅度小。两个群落不同退化程度，根量分布最多层位于 0~20cm，地下生物量分别占 0~40cm 土层总根量的百分比如表 3-3 所示，垂直分布如表 3-4 所示，不同退化程度草地地下生物量总体随土层深度增加而降低，即表层生物量最高。这与其他研究者对天然草地地下生物量垂直分布的研究结果一致。

表 3-3　同一土壤深度不同退化程度地下生物量

群落类型	退化程度	土壤深度（cm）				总根量（g/cm^2）
		0~10	10~20	20~30	30~40	
羊草+杂类草群落	轻度退化	302. 06±15. 97a	49. 94±3. 08a	17. 56±1. 94a	7. 26±0. 43b	376. 83±21. 42a
		80. 16%	13. 25%	4. 66%	1. 93%	
	中度退化	108. 99±3. 95b	42. 66±3. 21a	12. 83±0. 41a	9. 72±1. 12a	174. 21±8. 69b
		62. 56%	24. 49%	7. 36%	5. 58%	
	重度退化	87. 81±2. 67b	18. 56±1. 16b	12. 19±0. 87a	5. 67±0. 77b	124. 23±5. 47b
		70. 68%	14. 94%	9. 81%	4. 56%	
贝加尔针茅+羊草群落	轻度退化	246. 84±15. 95a	57. 92±4. 91a	20. 40±1. 52a	13. 34±1. 07a	338. 49±23. 45a
		72. 92%	17. 11%	6. 03%	3. 94%	
	中度退化	218. 11±13. 43ba	39. 97±3. 30a	11. 35±0. 95b	5. 91±0. 24b	275. 34±17. 92a
		79. 21%	14. 52%	4. 12%	2. 15%	
	重度退化	137. 64±6. 16b	19. 97±1. 63b	6. 00±0. 32c	4. 48±0. 23c	168. 10±12. 59b
		81. 88%	11. 88%	3. 57%	2. 67%	

注：同一列内字母不同表示差异显著（P<0. 05）。

表 3-4　同一退化程度不同土壤深度地下生物量分布

退化程度	土壤深度（cm）	羊草+杂类草群落	贝加尔针茅+羊草群落
轻度	0~10	302.06±15.97a	246.84±15.95a
	10~20	49.94±3.08b	57.92±4.91b
	20~30	17.56±1.94b	20.40±1.52b
	30~40	7.26±0.43b	13.34±1.07b
中度	0~10	108.99±3.95a	218.11±13.43a
	10~20	42.66±3.21b	39.97±3.30b
	20~30	12.83±0.41c	11.35±0.95c
	30~40	9.72±1.12c	5.91±0.24c
重度	0~10	87.81±2.67a	137.64±6.16a
	10~20	18.56±1.16b	19.97±1.63b
	20~30	12.19±0.87cb	6.00±0.32c
	30~40	5.67±0.77c	4.48±0.23c

注：同一列内字母不同表示差异显著（$P<0.05$）。

3.1.2.2　植物群落多样性变化

（1）植物群落 α 多样性变化

呼伦贝尔草甸草原不同退化程度下，Margalef 物种丰富度指数、Shannon-Wiener 多样性指数、Simpson 优势度指数和 Pielou 均匀度指数，均随着草地退化程度的不断加剧而呈逐渐减小趋势（表 3-5）。

Margalef 物种丰富度指数：羊草+杂类草群落，轻度显著高于中度、重度，各退化程度之间均有显著差异。贝加尔针茅+羊草群落，轻度显著高于中度、重度，各退化程度之间均有显著差异。

Shannon-Wiener 多样性指数：羊草+杂类草群落，各退化程度之间显著降低，轻度显著高于中度、重度。贝加尔针茅+羊草群落，轻度和中度显著高于重度，轻度和中度之间没有显著差异，轻度显著高于重度。

Simpson 优势度指数：羊草+杂类草群落，各退化程度之间显著降低，轻度显著高于中度、重度。贝加尔针茅+羊草群落，轻度和中度显著高于重度，轻度和中度之间没有显著差异，轻度显著高于重度。

Pielou 均匀度指数：羊草+杂类草群落，轻度显著高于中度和重度，中度和重度之间没有显著差异。贝加尔针茅+羊草群落，轻度和中度显著高于重度，轻度和中度之间没有显著差异。

表 3-5　不同退化程度下群落 α 多样性变化

群落类型	退化程度	Margalef 物种丰富度指数	Shannon-Wienner 物种多样性指数	Simpson 优势度指数	Pielou 均匀度指数
羊草+杂类草群落	轻度	4.74±0.729 0a	3.00±0.154 3a	0.95±0.015 1a	0.88±0.024 4a
	中度	3.33±0.514 5b	2.54±0.409 0b	0.90±0.026 9b	0.85±0.022 8b
	重度	1.65±0.463 3c	2.04±0.289 1c	0.81±0.036 2c	0.85±0.025 4b
贝加尔针茅+羊草群落	轻度	5.20±0.628 4a	3.00±0.269 0a	0.93±0.026 0a	0.90±0.076 3a
	中度	4.30±0.729 5b	2.89±0.149 8a	0.92±0.012 5a	0.89±0.022 8a
	重度	2.59±0.551 7c	2.31±0.176 7b	0.85±0.033 5b	0.84±0.036 6b

注：同一列内字母不同表示差异显著（$P<0.05$）。

（2）植物群落 β 多样性变化

依据公式计算得出呼伦贝尔草甸草原不同退化程度下羊草+杂类草群落和贝加尔针茅+羊草群落的 β 多样性指数。由图 3-4 表明，随着草地退化程度的不断加剧，植物群落的 β 多样性指数逐渐增大。

（3）植物群落相似性系数变化

群落相似性指数的大小在一定程度上可以反映群落的时空结构。如表 3-6 所示。羊草+杂类草群落轻度退化与中度退化之间相似性系数高，轻度退化草地与重度退化相比群落相似性比前者要低。中度与重度相比群落相似性仍然较低。贝加尔针茅+羊草群落轻度退化与中度退化之间相似性系数高，轻度退化草地与重度退化相比群落相似性比前者要低。中度与重度相比群落相似性较高，说明中度退化草地整体环境尚未发生质的改变，而且优势物种替代率相对较低，环境异质性相对较小，草地退化程度较慢。

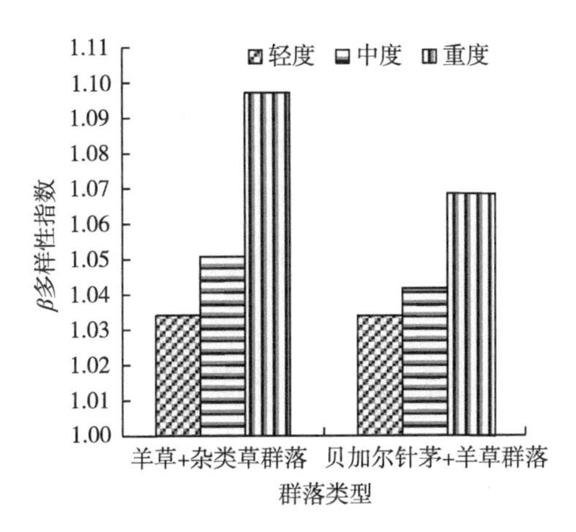

图 3-4　不同退化程度下群落 β 多样性变化

表 3-6　不同退化程度下植物群落相似性系数

退化程度	羊草群落+杂类草群落		
	轻度退化	中度退化	重度退化
轻度退化	1.000 0	0.282 1	0.553 2
中度退化	0.717 9	1.000 0	0.519 0
重度退化	0.446 8	0.481 0	1.000 0
退化程度	贝加尔针茅+羊草群落		
	轻度退化	中度退化	重度退化
轻度退化	1.000 0	0.201 8	0.553 2
中度退化	0.798 2	1.000 0	0.285 7
重度退化	0.588 2	0.714 3	1.000 0

注：表中数据左下角为相似系数，右上角为相异系数。

3.1.3　小结

①呼伦贝尔草甸草原随着草地退化程度的增加，群落物种组成逐渐单一，数量逐渐减少，其中代表草甸草原成分的物种重要值变化较明显。群落伴生种的重要值随着退化程度的增加而降低，有些耐践踏、适口性差的物种如寸

草苔、披针叶黄华、糙隐子草等对草甸草原具有一定指示作用的物种重要值具有上升的趋势；群落物种组成发生明显变化，轻度退化草地以禾本科植物占主导地位，随着退化程度的加大，轻度和中度退化草地仍以禾本科为优势种，退化指示类的菊科植物的地位得到提升，中度退化区蔷薇科和毛茛科植物不断增加，重度退化阶段多以耐践踏的菊科植物、莎草科和小型禾草占优势。

②不同退化程度下，群落盖度、群落高度和地上现存量等数量特征等均随着退化程度的加大，各退化程度之间均有显著降低的趋势，尤其是在重度退化阶段，对草地植被的盖度形成质的影响。对群落密度的影响与前几个数量特征相反，各退化程度之间没有显著性差异，群落密度在中度退化区降低，而在重度退化区增加。地下生物量变化趋势为轻度>中度>重度，而在羊草+杂类草群落具有显著降低的趋势。地表枯落物随着退化程度的增加显著降低；植物 α 多样性指数均随草地退化程度的增加而显著降低，各退化程度之间均有显著性差异，植物群落的 β 多样性指数逐渐增大，群落之间的相似性系数逐渐变小。

3.2 不同程度退化草地土壤系统特征分析

3.2.1 不同程度退化草地土壤物理性质变化

3.2.1.1 土壤机械组成变化

呼伦贝尔草甸草原在退化过程中，植被覆盖度降低致使土壤细粒物质逐渐被吹蚀，导致土壤质地粗粒化，促使土壤机械组成发生改变，物理性土壤粗粒（粒径 1~2mm）含量逐渐增加，这种变化在土壤表层表现尤为明显。

羊草+杂类草群落在同一深度不同退化程度土壤粗粒含量见图 3-5。0~10cm 表层土壤粗粒重度和中度退化显著高于轻度退化，重度与中度之间无显著差异；10~20cm、20~30cm 土层各退化程度之间无显著差异，变化趋势为重度>中度>轻度；30~40cm 重度显著高于中度和轻度，中度与轻度之间无显著差异。出现了随着退化程度的增强而显著增加的趋势。

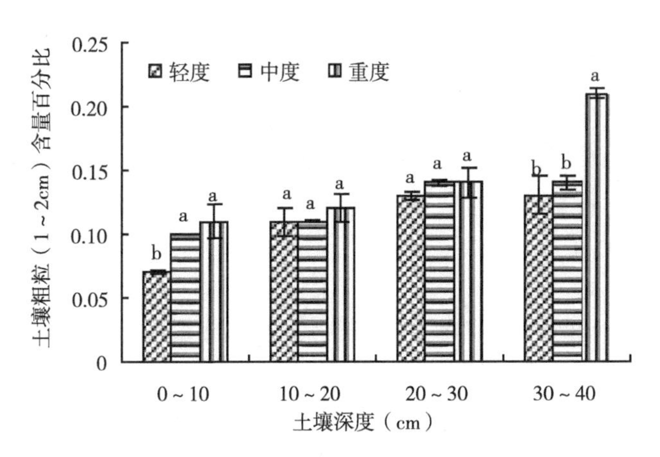

图 3-5　羊草+杂类草群落同一土壤深度不同退化程度土壤粗粒含量

同一退化程度不同土壤深度土壤粗粒含量见图 3-6，羊草+杂类草群落轻度退化区 0~10cm 土层与其他各土层之间有显著差异，其他各土层之间没有显著差异。中度退化区 0~20cm 土层与其他各土层之间有显著差异，0~10cm 与 10~20cm 土层之间没有显著差异，20~30cm 与 30~40cm 之间也不存在差异性。重度退化区 0~10cm 土层与其他各土层之间有显著差异，其他各土层之间没有显著差异，其他各土层随着土壤深度的增加土壤粗粒逐渐增加。

贝加尔针茅+羊草群落在同一土壤深度不同退化程度土壤粗粒含量，从图 3-7 得知，只有在表层土壤出现了显著差异性。0~10cm 表层土壤粗粒重度退化区显著高于轻度和中度退化区，轻度与中度退化区之间无显著差异；10~40cm 土层各退化程度之间无显著差异。

同一退化程度不同土壤深度土壤粗粒百分比含量见图 3-8。在 0~40cm 土层，轻度退化区 0~10cm 土层显著低于其他各土层，其他各土层之间没有显著差异，其他各土层土壤粗粒逐渐增加；中度退化区 0~10cm 土层与其他

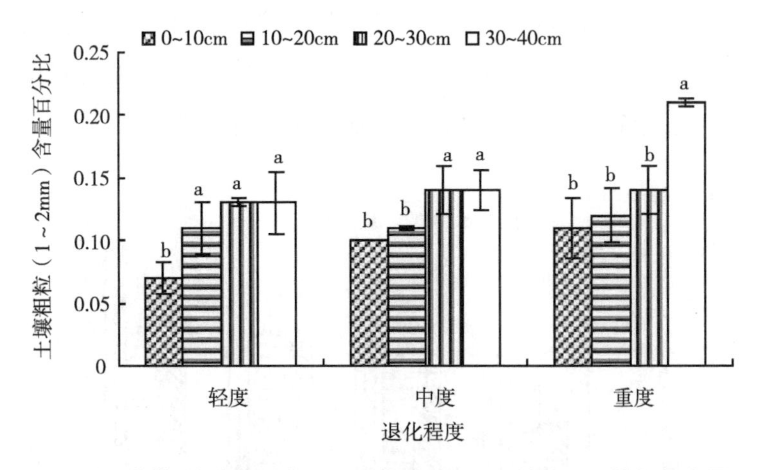

图 3-6　羊草+杂类草群落同一退化程度不同土壤深度土壤粗粒含量

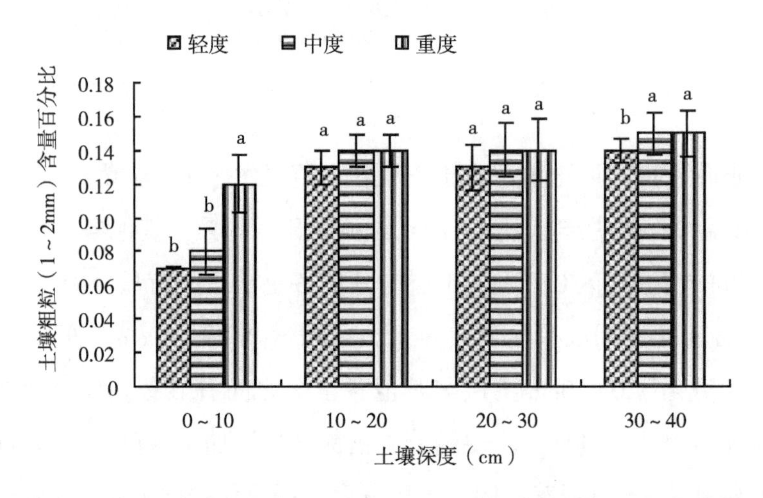

图 3-7　贝加尔针茅+羊草群落同一土壤深度不同退化程度土壤粗粒含量

各土层之间有显著差异，其他各土层之间没有显著性差异；重度退化区 0~10cm 显著低于其他各土层，其他各土层之间没有显著差异。此变化说明，不同退化程度区由于地表植被受到不同程度的破坏，植被覆盖率显著降低，表层土壤因缺乏植被保护，风蚀作用加剧，大部分黏粒物质经风沙流吹蚀而逐渐减少，使土壤质地粗粒化，结构与肥力减退。

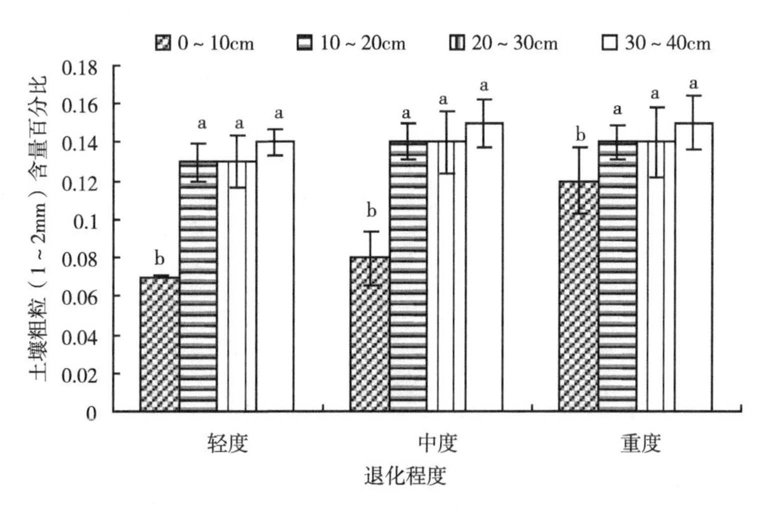

图 3-8　贝加尔针茅+羊草群落同一退化程度不同土壤深度土壤粗粒含量

3.2.1.2　土壤容重变化

由于草地土壤机械组成的变化，土壤容重也发生了相应的改变。实测结果表明，呼伦贝尔草甸草原在退化过程中，0～40cm 土层土壤容重的变化趋势如表 3-7 所示。

表 3-7　不同退化程度土壤容重变化

群落类型	退化程度	土壤深度（cm）			
		0～10	10～20	20～30	30～40
羊草+杂草类群落	轻度	1.10±0.040 9b	1.12±0.077 5b	1.15±0.026 6b	1.18±0.036 9a
	中度	1.16±0.050 1b	1.17±0.007 6a	1.20±0.054 6ba	1.30±0.057 8a
	重度	1.24±0.046 9a	1.17±0.044 6a	1.28±0.017 5a	1.35±0.058 6a
贝加尔针茅+羊草群落	轻度	1.25±0.050 1b	1.35±0.040 5b	1.40±0.081 8a	1.39±0.074 3b
	中度	1.27±0.037 3b	1.38±0.081 2b	1.46±0.040 4a	1.44±0.078 7b
	重度	1.37±0.009 5a	1.55±0.047 4a	1.63±0.059 6a	1.66±0.073 8a

注：同一列内字母不同表示差异显著（$P<0.05$）。

羊草+杂类草群落：0~10cm 表层土壤容重重度和中度退化程度显著高于轻度退化程度，中度与重度之间有显著差异，重度退化区最高；10~20cm、20~30cm 土层中度和重度退化区显著高于轻度退化程度，中度和重度退化程度之间没有显著差异；30~40cm 土层各退化程度之间无显著差异，各土层土壤容重随着退化程度的增强逐渐加大，如图 3-9 所示。

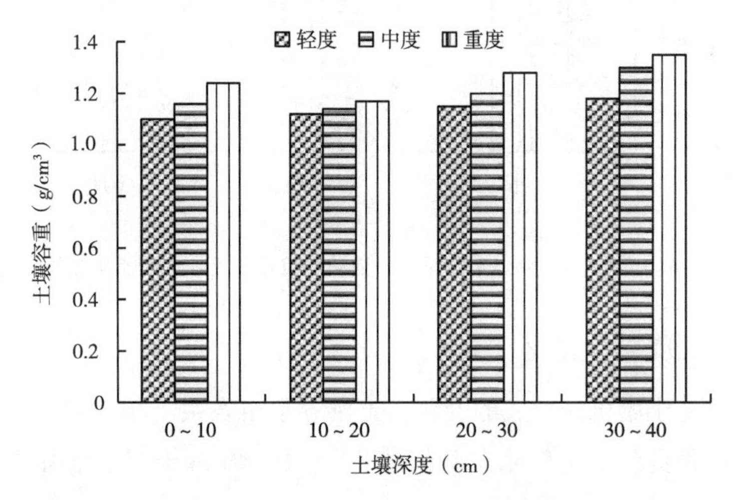

图 3-9　羊草+杂类草群落同一土壤深度不同退化程度土壤容重

贝加尔针茅+羊草群落：0~40cm 土层土壤容重总体比羊草+杂类草群落高，但变化幅度比羊草+杂类草群落小。0~10cm、10~20cm、30~40cm 土层土壤容重，重度退化显著高于轻度和中度退化程度，中度与轻度之间没有显著差异；20~30cm 各层之间没有显著差异（图 3-10）。

两个群落不同退化程度下土壤容重的垂直变化，如表 3-8、图 3-11、图 3-12 所示。可以看出，两个群落在轻度退化和中度退化草地，0~40cm 各土层之间没有显著差异；而重度退化的羊草+杂类草群落，30~40cm 土层显著高于 10~20cm 土层。贝加尔针茅+羊草群落重度退化区，出现了随着土壤深度的加深土壤容重显著增加的趋势。这说明轻度退化草地 0~40cm 土层是植

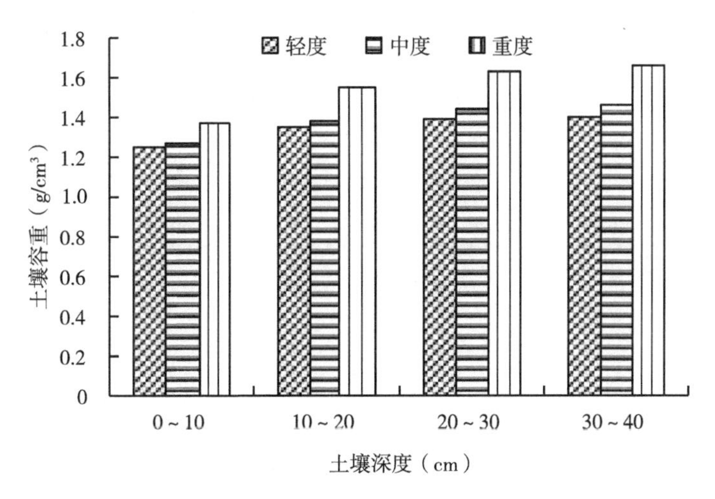

图 3-10 贝加尔针茅+羊草群落同一土壤深度不同退化程度土壤容重

物根系的密集层，土壤结构致密而稳固，土体发育上层比下层好，土壤生态系统基本处于相对稳定而良性循环状态。但随着草地退化程度的不断发展，地上植被的消退，植物根系大量死亡，同时地表失去了植被保护，使0～40cm土层结构发生根本变化，土壤容重增加，表现为表层大而下层小的递减规律，重度退化草地这种现象比较明显。进一步说明，退化草地土壤的退化过程，首先是表层土壤的风蚀，而后通过堆积作用波及下层土壤。

表 3-8 同一退化程度不同土壤深度土壤容重

群落类型	土壤深度（cm）	退化程度		
		轻度退化	中度退化	重度退化
羊草+杂草类群落	0～10	1. 10±0. 040 9a	1. 16±0. 050 1a	1. 24±0. 046 9ba
	10～20	1. 12±0. 077 5a	1. 17±0. 007 6a	1. 17±0. 044 6b
	20～30	1. 15±0. 026 6a	1. 20±0. 054 6a	1. 28±0. 017 5ba
	30～40	1. 18±0. 036 9a	1. 30±0. 157 8a	1. 35±0. 058 7a

（续表）

群落类型	土壤深度（cm）	退化程度		
		轻度退化	中度退化	重度退化
贝加尔针茅+羊草群落	0~10	1. 25±0. 050 1a	1. 27±0. 037 3a	1. 37±0. 009 5b
	10~20	1. 35±0. 040 5a	1. 38±0. 081 2a	1. 55±0. 047 4ba
	20~30	1. 39±0. 081 8a	1. 44±0. 040 4a	1. 63±0. 059 6a
	30~40	1. 40±0. 074 3a	1. 46±0. 078 7a	1. 66±0. 073 8a

注：同一列内字母不同表示差异显著（P<0. 05）。

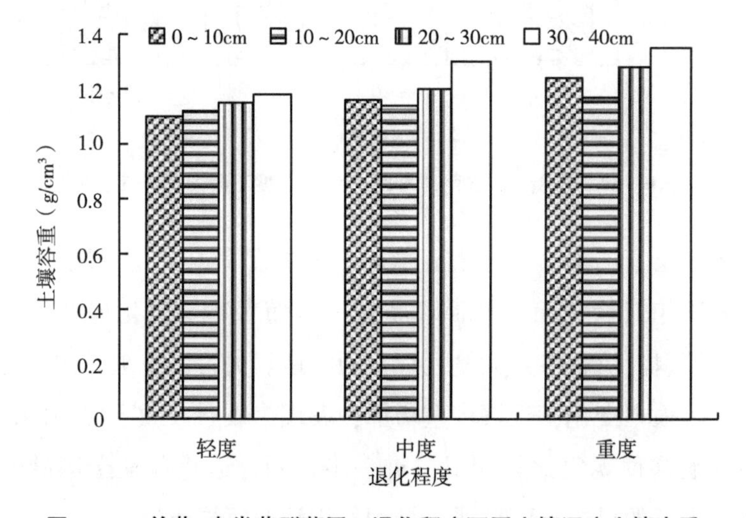

图 3-11　羊草+杂类草群落同一退化程度不同土壤深度土壤容重

3. 2. 1. 3　土壤含水量变化

土壤含水量差异显著性分析结果显示（表 3-9），呼伦贝尔草甸草原在退化过程中，从轻度到重度退化草地，随着退化程度的增加土壤含水量呈现出降低的趋势。

羊草+杂类草群落：同一土壤深度不同退化程度土壤含水量变化趋势见图 3-13，0~10cm 土层重度退化程度显著低于轻度和中度退化程度，轻度和中度之间没有显著差异；10~20cm 土层土壤含水量各退化程度之间显著降低；

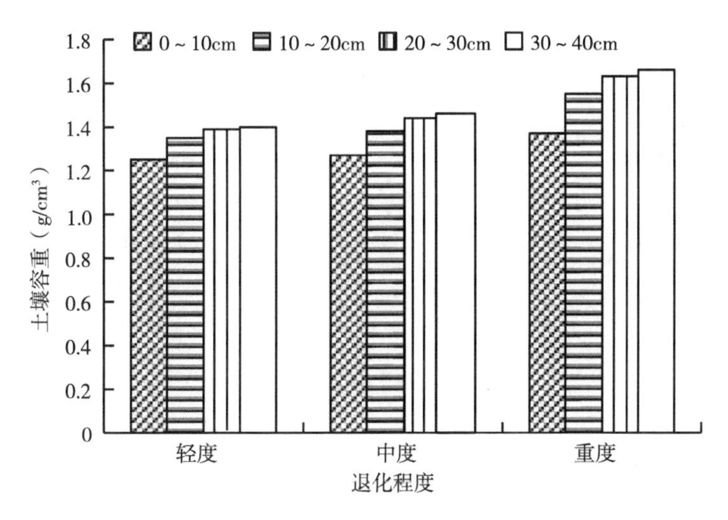

图 3-12　贝加尔针茅+羊草群落同一退化程度不同土壤深度土壤容重

20~30cm、30~40cm 土层轻度退化区显著高于中度和重度退化区，中度与重度之间无显著差异。

贝加尔针茅+羊草群落：同一土壤深度不同退化程度土壤含水量变化趋势见图 3-14，0~10cm 土层轻度退化区显著高于中度和重度退化区，中度和重度之间没有显著差异。10~20cm 土层土壤含水量各退化程度之间显著降低。20~30cm 土层轻度退化显著高于中度和重度退化，中度与重度之间无显著差异。30~40cm 土壤各退化程度之间没有显著差异。这种变化趋势的原因是，轻度退化区草层致密、植被发育旺盛、根系密集，故表层土壤水分高于下层；地上植被退化后，根系吸水量减小，地表裸露加大了土壤蒸腾量，导致随着退化程度的增加土壤含水量逐渐降低。

表 3-9　同一土壤深度不同退化程度土壤含水量

群落类型	退化程度	土壤深度（cm）			
		0~10	10~20	20~30	30~40
羊草+杂草类群落	轻度	13. 81±0. 364 0a	13. 20±0. 350 5a	12. 84±1. 094 1a	13. 38±1. 014 2a
	中度	12. 21±0. 469 7a	10. 65±0. 597 5b	8. 72±0. 466 4b	10. 38±0. 807 2b
	重度	10. 05±0. 089 2b	9. 62±0. 411 1c	9. 27±0. 467 7b	9. 26±1. 259 5b

（续表）

群落类型	退化程度	土壤深度（cm）			
		0～10	10～20	20～30	30～40
贝加尔针茅+羊草群落	轻度	13. 43±0. 494 8a	11. 44±0. 421 4a	10. 90±0. 835 3a	10. 27±0. 193 0a
	中度	9. 65±0. 127 6b	10. 34±0. 704 6b	9. 44±0. 673 9b	9. 00±0. 657 1a
	重度	8. 76±0. 426 0b	9. 19±0. 335 4c	9. 17±0. 410 4b	9. 37±0. 858 3a

注：同一列内字母不同表示差异显著（$P<0.05$）。

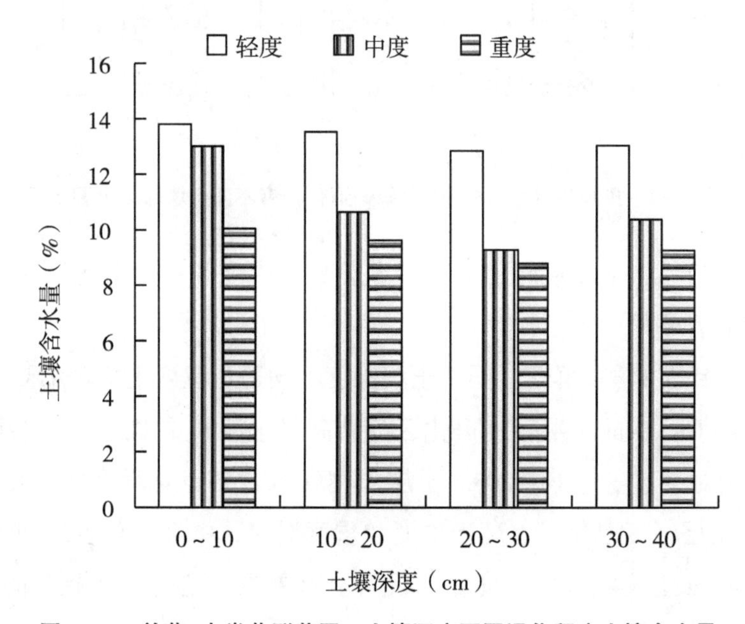

图 3-13　羊草+杂类草群落同一土壤深度不同退化程度土壤含水量

两个群落不同退化程度下土壤含水量的垂直变化，如表 3-10、图 3-15、图 3-16 所示。羊草+杂类草群落：轻度退化区，各土层之间没有显著性差异；中度退化区，0～10cm 土层显著高于其他各层，10～20cm 和 30～40cm 土层显著高于 20～30cm 土层，10～20cm 和 30～40cm 土层之间没有显著性差异；重度退化草地随着土壤深度的增加土壤含水量无显著差异。

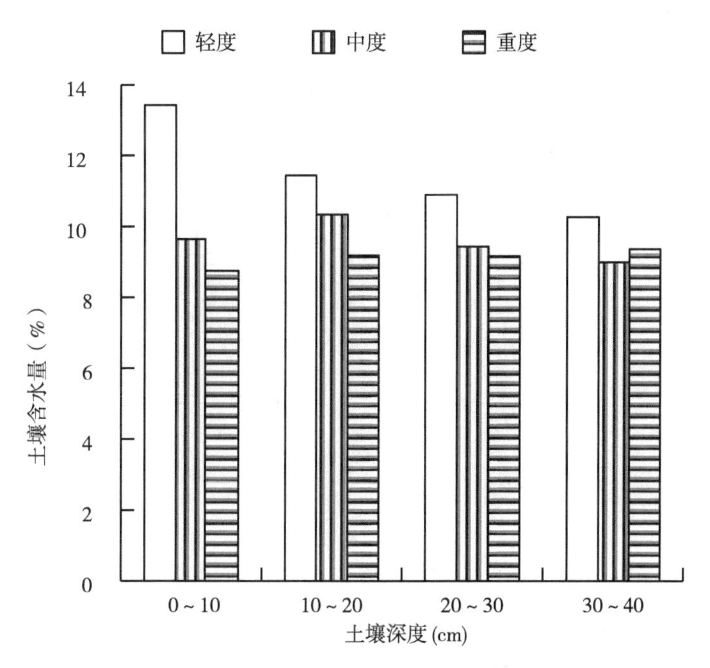

图 3-14　贝加尔针茅+羊草群落同一土壤深度不同退化程度土壤含水量

表 3-10　同一退化程度不同土壤深度土壤含水量

群落类型	土壤深度（cm）	退化程度		
		轻度退化	中度退化	重度退化
羊草+杂类草群落	0～10	13.81±0.364 0a	12.21±0.469 7a	10.05±0.089 2a
	10～20	13.20±0.350 5a	10.65±0.597 5b	9.62±0.411 1a
	20～30	12.84±1.094 1a	8.72±0.466 4c	9.27±0.467 7a
	30～40	13.38±1.014 2a	10.38±0.807 2b	9.26±1.259 5a
贝加尔针茅+羊草群落	0～10	13.43±0.494 8a	9.65±0.127 6a	8.76±0.426 0a
	10～20	11.44±0.421 4b	10.34±0.704 6a	9.19±0.335 4a
	20～30	10.90±0.835 3b	9.44±0.673 9a	9.17±0.410 4a
	30～40	10.27±0.193 0b	9.00±0.657 1a	9.37±0.858 3a

注：同一列内字母不同表示差异显著（$P<0.05$）。

贝加尔针茅+羊草群落：轻度退化区，0～10cm 土层显著高于其他各层，

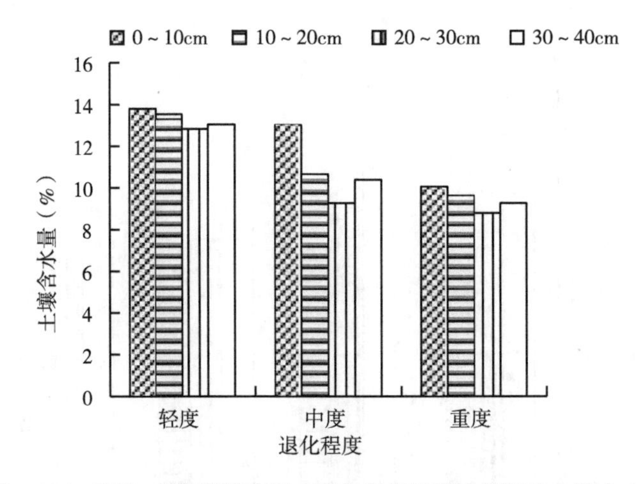

图 3-15 羊草+杂类草群落同一退化程度不同土壤深度土壤含水量

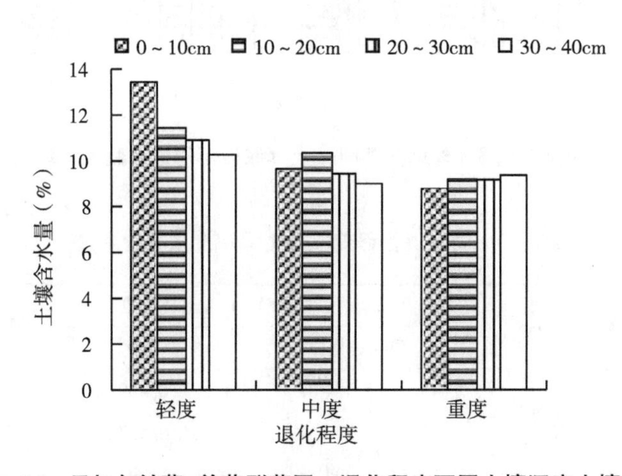

图 3-16 贝加尔针茅+羊草群落同一退化程度不同土壤深度土壤含水量

其他各层之间没有显著差异，具有逐渐降低的趋势；中度退化区，各土层之间没有显著性差异；重度退化区各土层之间没有显著性差异。两个群落的变化趋势有所差异，可能的原因是土壤含水量的变化与植物的根系分布有关，因为羊草的根系属于根茎型而贝加尔针茅属于密丛型，所以土壤的含水量分布有差异。

3.2.2 不同程度退化草地土壤化学性质变化

3.2.2.1 土壤有机质变化

羊草+杂类草群落：同一土壤深度不同退化程度草地土壤有机质变化见图

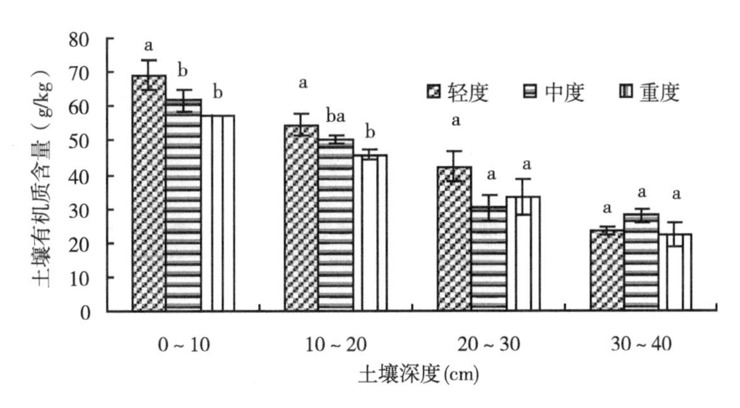

图 3-17 羊草+杂类草群落同一土壤深度不同退化程度土壤有机物含量

3-17。0~40cm 土层各退化程度之间，土壤有机质在 0~10cm 土层，轻度退化显著高于中度和重度退化，轻度和中度退化之间无显著差异；10~20cm 土层，轻度退化程度显著高于重度退化程度，轻度退化有高于中度退化的趋势；其他各层没有显著变化。同一退化程度土壤有机质垂直变化见图 3-18。轻度退化区随着土壤深度的加深土壤有机物显著降低，0~20cm 土层显著高于 20~30cm 和 30~40cm 土层，0~10cm 和 10~20cm 土层之间无显著差异；中度退化区 0~10cm 土层显著高于 10~20cm 土层，10~20cm 土层显著高于 20~40cm 土层，20~30cm 土层和 30~40cm 土层没有显著差异；重度退化区 0~40cm 土层各层之间显著降低。

贝加尔针茅+羊草群落：同一土层不同退化程度草地土壤有机质变化见图 3-19，0~40cm 土层各退化程度之间，均没有显著性差异，变化的趋势为轻度>中度>重度退化区。同一退化程度土壤有机质垂直变化见图 3-20，0~10cm、10~20cm、20~30cm 和 30~40cm 各土层退化程度，随着土壤深度的增

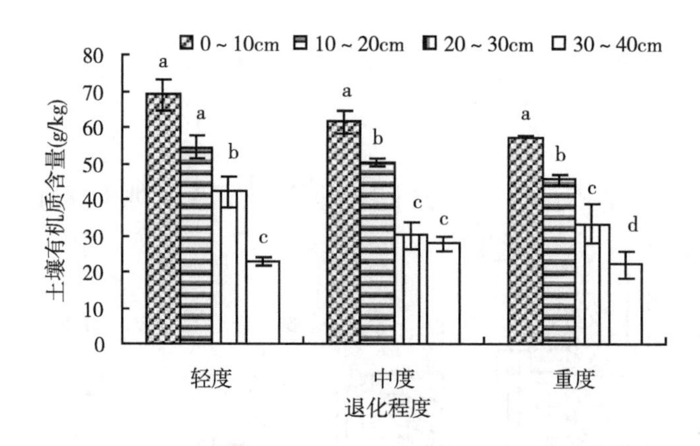

图 3-18 羊草+杂类草群落同一退化程度不同土壤深度土壤有机物含量

加呈现显著降低的趋势。

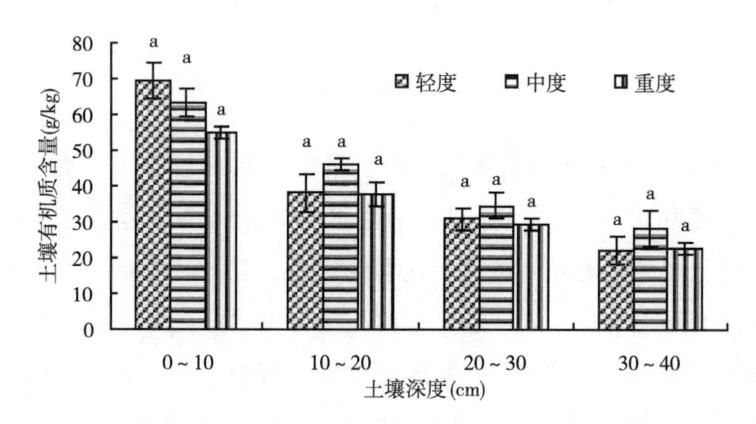

图 3-19 贝加尔针茅+羊草群落同一土壤深度不同退化程度土壤有机物含量

3.2.2.2 土壤全氮变化

羊草+杂类草群落：同一土壤深度不同退化程度草地土壤全氮含量变化见图 3-21。0~40cm 土层各退化程度之间，0~10cm 土层，轻度显著高于重度，轻度有高于中度，中度有高于重度的趋势；10~20cm 土层各退化程度之间显著降低；20~30cm 土层轻度显著高于中度和重度退化区，中度与重度之间无显著差异；30~40cm 土层中度显著高于重度退化，轻度有高于重度退化的趋

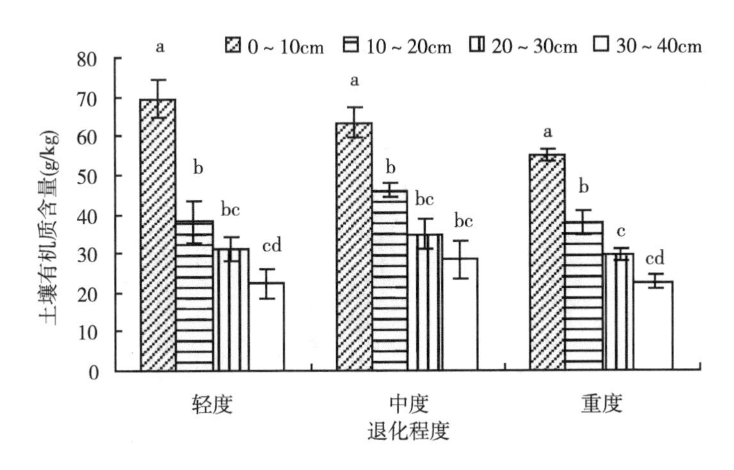

图 3-20 贝加尔针茅+羊草群落同一退化程度不同土壤深度土壤有机物含量

势。同一退化程度土壤全氮垂直变化见图 3-22，轻度退化区和重度退化区 0~40cm 土层随着土壤深度的增加土壤全氮含量显著降低；中度退化区 0~10cm、10~20cm 显著高于 20~40cm 土层，20~30cm 和 30~40cm 土层之间无显著差异。

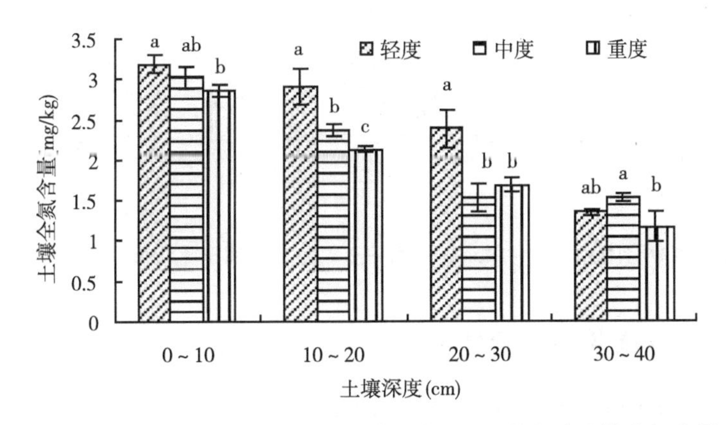

图 3-21 羊草+杂类草群落同一土壤深度不同退化程度土壤全氮含量

贝加尔针茅+羊草群落：同一土壤深度不同退化程度草地土壤全氮含量变化见图 3-23，0~40cm 土层各退化程度之间，没有显著性差异，变化的趋势为轻度>中度>重度。同一退化程度土壤全氮含量垂直变化见图 3-24。

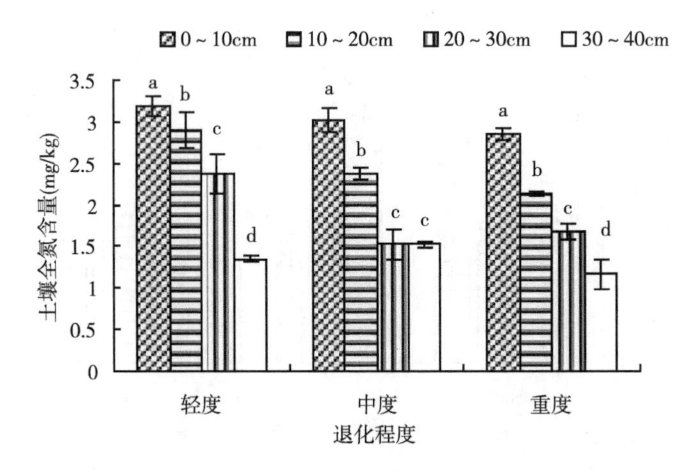

图 3-22　羊草+杂类草群落同一退化程度不同土壤深度土壤全氮含量

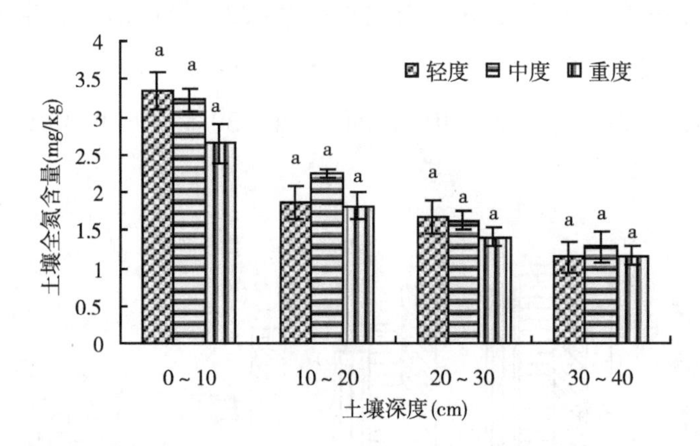

图 3-23　贝加尔针茅+羊草群落同一土壤深度不同退化程度土壤全氮含量

3.2.2.3　土壤速效氮含量变化

羊草+杂类草群落：同一土壤深度不同退化程度土壤速效氮含量变化如图 3-25 所示。在 0~10cm 土层，中度退化显著高于轻度和重度退化，轻度和重度之间没有显著差异；10~20cm 各退化程度之间没有显著差异；20~30cm 轻度退化显著高于中度和重度退化，中度和重度之间没有显著性差异；30~40cm 土层轻度和中度退化显著高于重度退化，轻度和中度之间没有差异。同

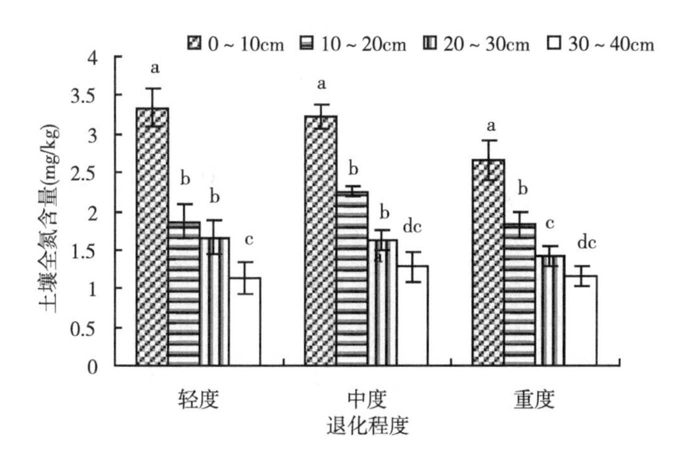

图 3-24　贝加尔针茅+羊草群落同一退化程度不同土壤深度土壤全氮含量

一退化程度不同土层草地土壤速效氮含量变化见图 3-26，轻度退化区 0~20cm 土层土壤速效氮显著高于 20~40cm，0~10cm 与 10~20cm 土层之间无显著差异，20~30cm 显著高于 30~40cm 土层；中度退化区 0~20cm 土层显著高

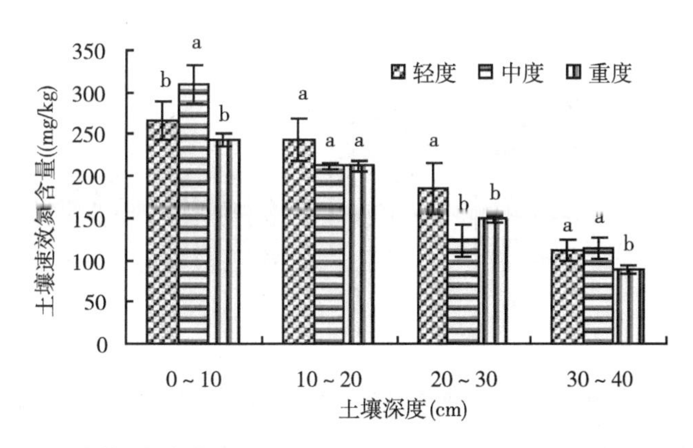

图 3-25　羊草+杂类草群落同一土壤深度不同退化程度土壤速效氮含量

于 20~40cm，0~10cm 土层显著高于 10~20cm，20~30cm 与 30~40cm 土层之间无显著差异；重度退化区土壤速效氮 0~40cm 各层之间随着土壤深度的加深显著降低（图 3-26）。

贝加尔针茅+羊草群落：同一土壤深度不同退化程度土壤速效氮含量变化

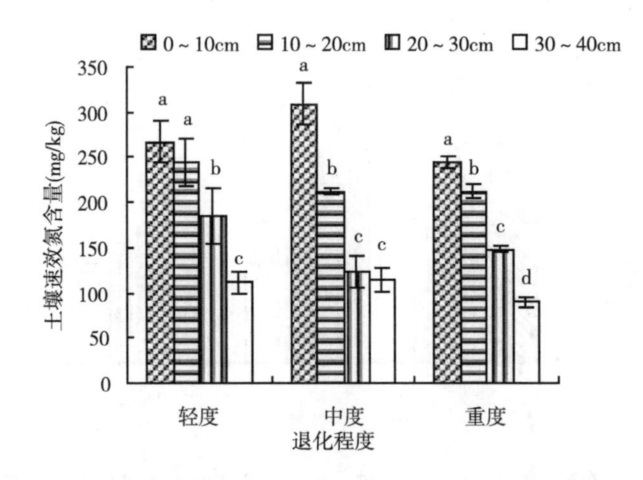

图 3-26　羊草+杂类草群落同一退化程度不同土壤深度土壤速效氮含量

如图 3-27 所示。0~40cm 土层各退化程度之间，均没有显著性差异，变化的

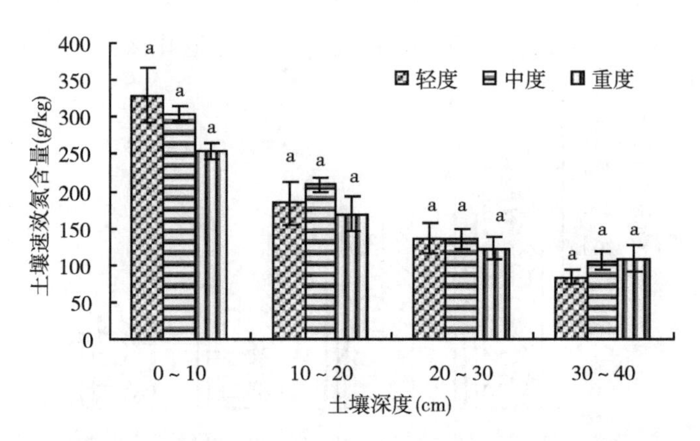

图 3-27　贝加尔针茅+羊草群落同一土壤深度不同退化程度土壤速效氮含量

趋势为 0~10cm 土层轻度>中度>重度，其他各层没有规律性变化。同一退化程度不同土层草地土壤速效氮含量见图 3-28，轻度退化区 0～10cm 土层土壤速效氮含量显著高于 10～40cm，10～30cm 显著高于 30～40cm，10～20cm 和 20～30cm 土层之间没有显著差异；中度和重度退化区 0～20cm 显著高于 20～40cm 土层，0～10cm 显著高于 10～20cm 土层，20～30cm 和 30～40cm 土层之

间没有显著性差异。

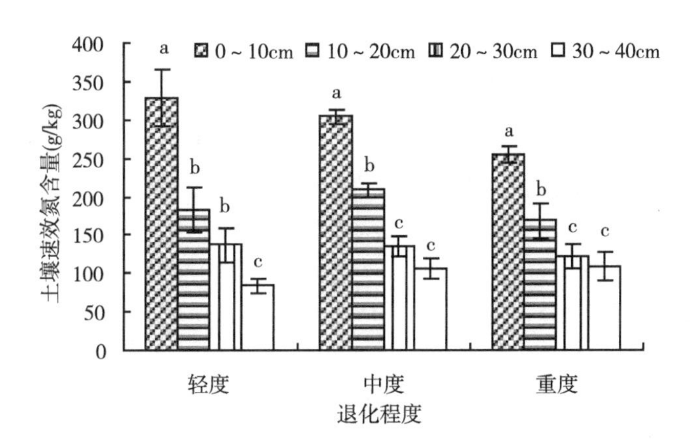

图 3-28 贝加尔针茅+羊草群落同一退化程度不同土壤深度土壤速效氮含量

3.2.2.4 土壤速效钾含量变化

羊草+杂类草群落：同一土壤深度不同退化程度草地土壤速效钾含量变化见图 3-29，0～10cm 土层中度和重度退化显著高于轻度退化，中度与重度之

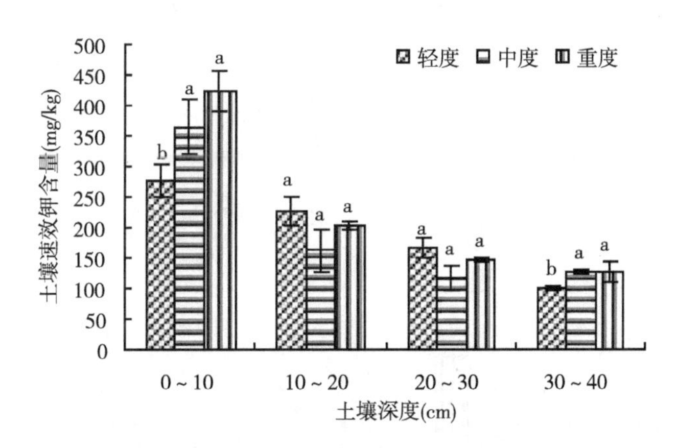

图 3-29 羊草+杂类草群落同一土壤深度不同退化程度土壤速效钾含量

间无显著差异；10～20cm、20～30cm 土层各退化程度之间无显著差异，中度退化区最低。30～40cm 中度和重度退化程度显著高于轻度退化，中度和重度

退化之间无显著差异。同一退化程度不同土壤深度草地土壤速效钾含量见图3-30，轻度退化区0~10cm显著高于10~40cm土层，10~30cm显著高于30~40cm土层，10~20cm和20~30cm土层之间没有显著差异；中度和重度退化区0~20cm显著高于20~40cm土层，0~10cm显著高于10~20cm土层，20~30cm与30~40cm土层之间没有显著差异。

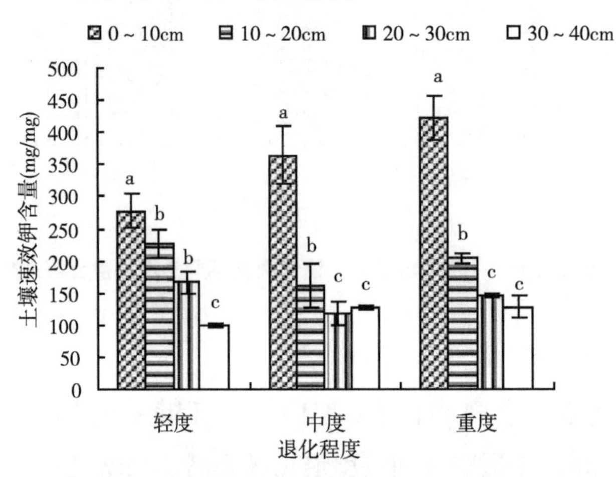

图3-30　羊草+杂类草群落同一退化程度不同土壤深度土壤速效钾含量

贝加尔针茅+羊草群落：同一土壤深度不同退化程度草地土壤速效钾含量变化见图3-31。0~10cm土层中度退化显著高于轻度和重度退化，轻度与重

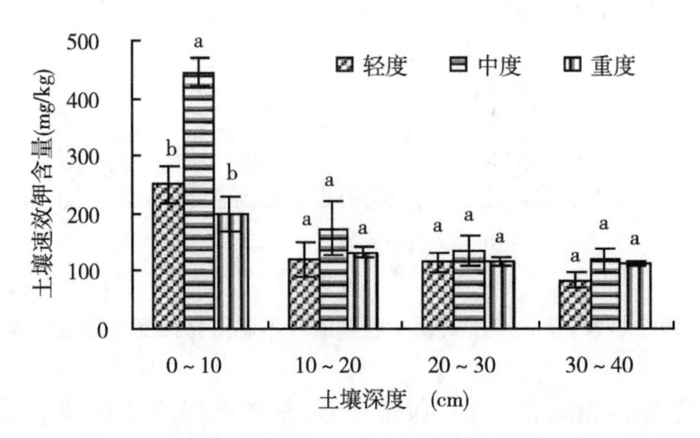

图3-31　贝加尔针茅+羊草群落同一土壤深度不同放牧制度土壤速效钾含量

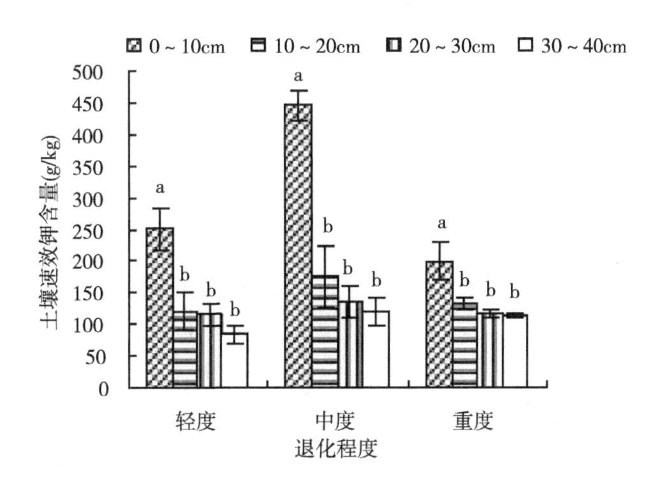

图 3-32　贝加尔针茅+羊草群落同一退化程度不同土壤深度土壤速效钾含量

度之间有显著差异。10~20cm、20~30cm、30~40cm 土层各退化程度之间无显著差异。同一退化程度不同土层草地土壤速效钾含量见图 3-32。各退化程度 0~10cm 土层显著高于各土层，各土层之间没有显著性差异。

3.2.2.5　土壤速效磷含量变化

羊草+杂类草群落：同一土壤深度不同退化程度草地土壤速效磷含量变化见图 3-33。各退化程度之间均无显著差异。各土层中度退化区速效磷的含量最低。同一退化程度不同土层之间变化如图 3-34 所示。轻度退化区 0~20cm 土层显著高于 20~40cm 土层，0~20cm、20~40cm 各土层之间无显著差异；中度退化区 0~10cm 土层显著高于 10~40cm，10~20cm 和 20~30cm 土层之间没有显著差异，10~30cm 土层有高于 30~40cm 土层的趋势；重度退化区 0~10cm 土层显著高于 10~40cm 土层，10~20cm、20~30cm、30~40cm 土层之间没有显著性差异。

贝加尔针茅+羊草群落：同一土壤深度不同退化程度草地土壤速效磷含量变化见图 3-35。0~20cm 土层各退化程度之间没有显著性差异，随着退化程度的增加而降低；20~40cm 土层轻度显著高于中度和重度，中度和重度之间

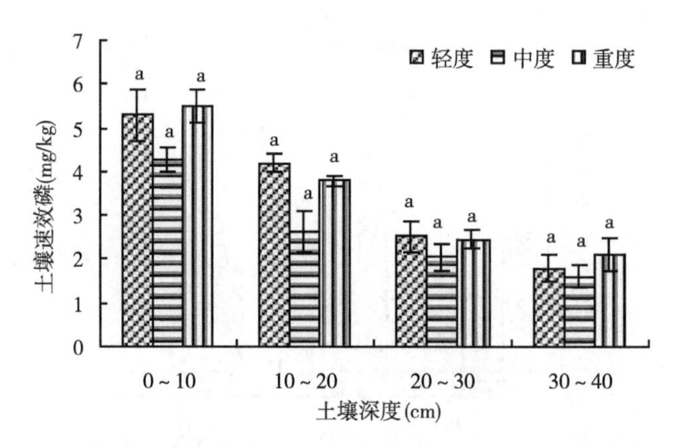

图 3-33　羊草+杂类草群落同一土壤深度不同退化程度土壤速效磷含量

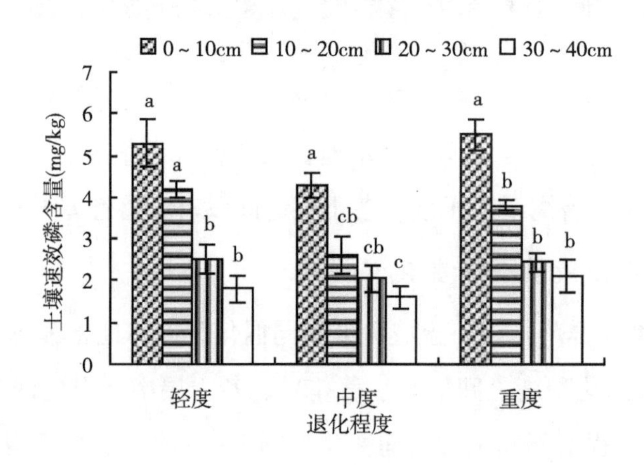

图 3-34　羊草+杂类草群落同一退化程度不同土壤深度土壤速效磷含量

没有显著性差异。同一退化程度不同土层草地土壤速效磷含量变化见图 3-36。轻度退化区 0～10cm 土层显著高于 10～40cm 土层，其他各土层无显著差异；中度退化区 0～20cm 土层显著高于 20～40cm 土层，0～10cm 土层显著高于 10～20cm 土层，20～30cm 和 30～40cm 土层之间有没有显著差异；重度退化区各土层之间显著降低。

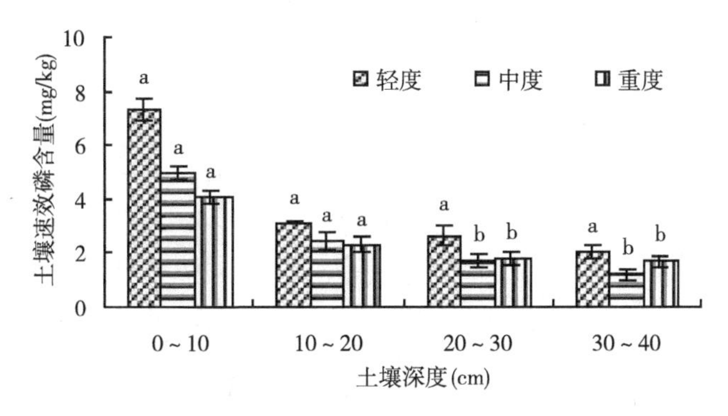

图 3-35　贝加尔针茅+羊草群落同一土壤深度不同退化程度土壤速效磷含量

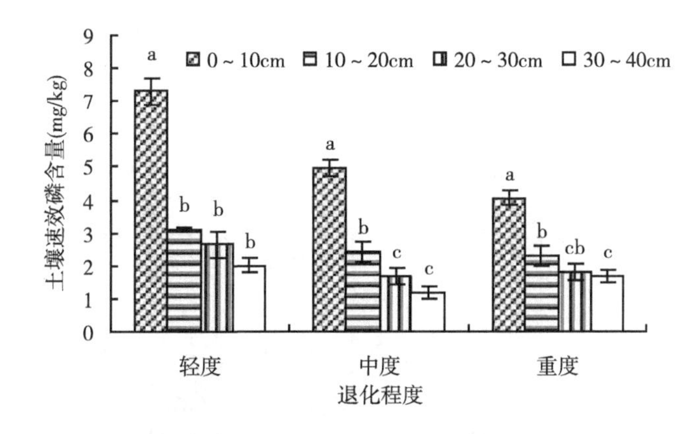

图 3-36　贝加尔针茅+羊草群落同一退化程度不同土壤深度土壤速效磷含量

3.2.2.6　土壤 pH 值变化

羊草+杂类草群落：同一土壤深度不同退化程度草地土壤 pH 值变化见图 3-37，土壤 pH 值在 0～10cm 各退化程度之间无显著差异；10～20cm 轻度显著高于中度，重度有高于中度的趋势；20～30cm 轻度和重度显著高于中度，轻度和重度之间无显著差异；0～40cm 各退化程度之间无显著差异，随着退化程度的增加逐渐降低，总体变化趋势为轻度>中度>重度。同一退化程度不同土层草地土壤 pH 值变化如图 3-38 所示，轻度退化区和重度退化区 0～40cm 各土层之间没有显著性差异，随着土层的加深逐渐增加；中度退化区 0~40cm 各层之间均无显著差异，没有规律性的增加。

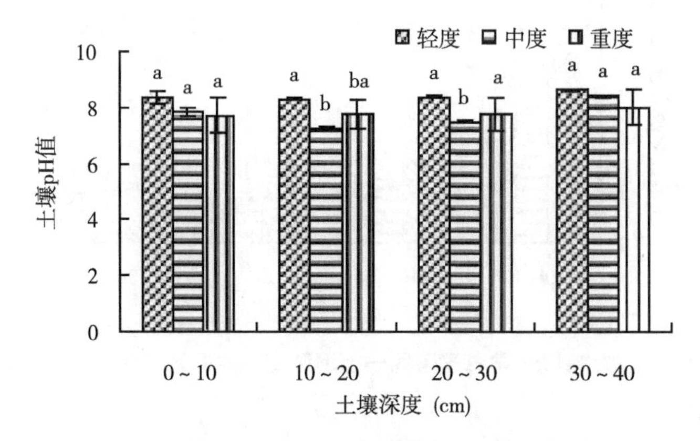

图 3-37　羊草+杂类草群落同一土壤深度不同退化程度土壤 pH 值

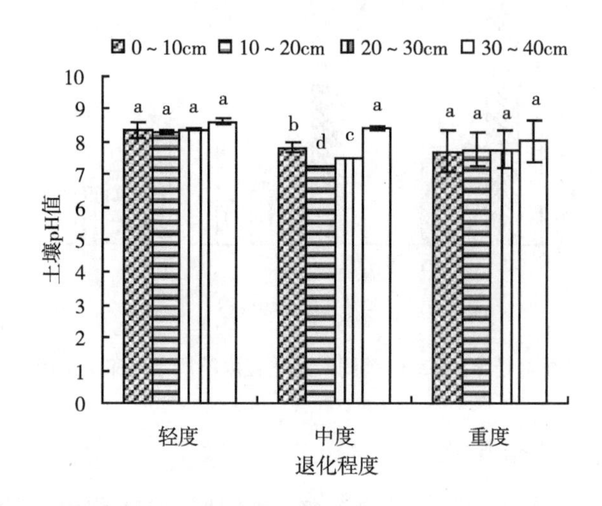

图 3-38　羊草+杂类草群落同一退化程度不同土壤深度土壤 pH 值

贝加尔针茅+羊草群落：同一土壤深度不同退化程度草地土壤 pH 值变化见图 3-39。土壤 pH 值在 0~40cm 各退化程度之间无显著差异。同一退化程度不同土壤深度土壤 pH 值见图 3-40。各退化程度各土层之间没有显著性差异。以上结果说明，草地退化后植被覆盖度降低、群落物种多样性下降、地表枯落物减少、地下生物量减少，土壤化学性质随着退化程度的增加而变化。

两个群落的土壤化学性质各指标的变化趋势基本相似，总体上贝加尔针茅+羊草群落的变化幅度小于羊草+杂类草群落，这可能与两个群落植被退化特征和群落分布的地形和海拔高度不同有关。

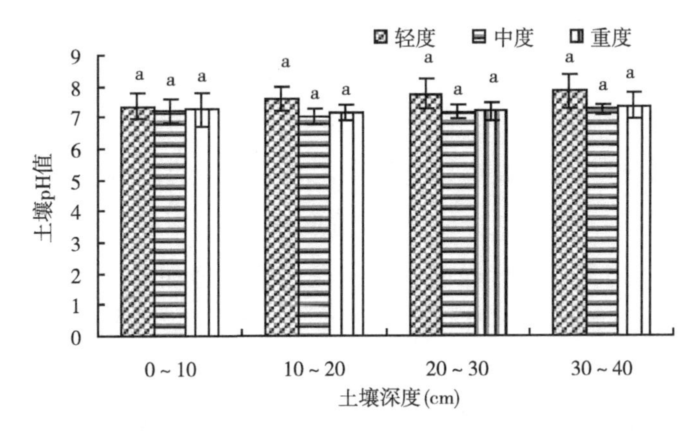

图 3-39　贝加尔针茅+羊草群落同一土壤深度不同退化程度土壤 pH 值

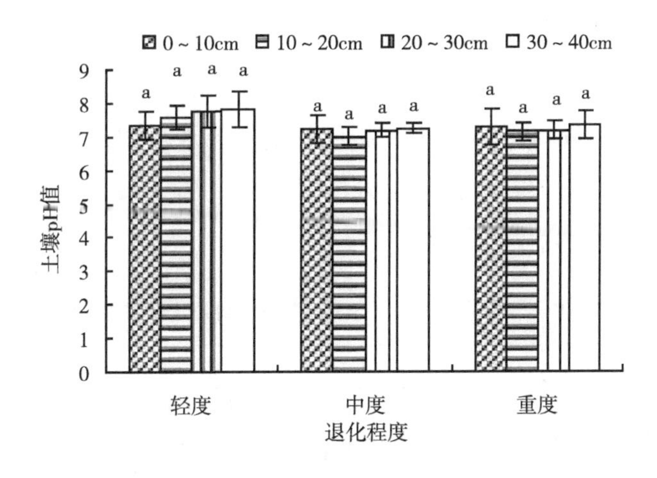

图 3-40　贝加尔针茅+羊草群落同一退化程度不同土壤深度土壤 pH 值

3.2.3　不同退化程度下土壤微生物数量特征

细菌、放线菌和真菌是草原土壤微生物中数量最大的 3 个类群，其中细菌的数量最多，其次是放线菌和真菌。研究结果表明，呼伦贝尔草甸草原土壤微生物随着退化程度的增加，0~40cm 土层土壤微生物的数量具有明显分异现象，细菌和放线菌随着退化程度的增加显著减少，而真菌的变化正相反，随着退化程度的增加而显著增加。

羊草+杂类草群落：土壤微生物的变化如表 3-11、图 3-41、图 3-42 所示。0~20cm 土层细菌轻度显著高于中度和重度退化区，中度和重度之间没有显著差异；20~30cm 土层各退化程度之间显著降低；30~40cm 土层各退化程度之间差异显著，变化趋势为中度>重度>轻度。不同土层之间，轻度随着土层的加深显著降低；中度没有显著变化，但有增加的趋势；重度 0~10cm 显著高于其他各土层，其他各土层之间没有显著差异。细菌总数随着退化程度的增加逐渐降低。放线菌的变化趋势为随着退化程度的增加具有显著减少的趋势。0~10cm 土层轻度和中度显著高于重度，轻度和中度之间没有显著性差异；10~40cm 土层轻度显著高于中度和重度，中度和重度之间没有显著性差异。同一退化程度不同土层之间，轻度退化区 0~10cm 土层显著低于其他各土层。0~20cm 土层真菌重度显著高于轻度和中度，后两者之间没有显著性差异；20~30cm 土层随着退化程度的增加显著增加，30~40cm 土层的变化与其他土层有所差异，变化的趋势为轻度>重度>中度。真菌总数随着退化程度的增加逐渐增加。

表 3-11　不同退化程度下羊草+杂类草群落土壤微生物数量

土壤深度（cm）	退化程度	总量（10^4 CFU/g 干重）	细菌		放线菌		真菌	
			数量（10^4 CFU/g 干重）	占比（%）	数量（10^4 CFU/g 干重）	占比（%）	数量（10^4 CFU/g 干重）	占比（%）
0~10	轻度	578.86	463.37±74.60a	80.05	110.62±4.67a	19.11	4.87±0.19b	0.84
	中度	155.01	39.81±7.78b	25.68	108.89±5.36a	70.25	6.30±3.50b	4.06
	重度	593.82	97.92±37.82b	16.49	51.84±12.30b	8.73	444.07±21.10a	74.78

（续表）

土壤深度（cm）	退化程度	总量（10^4CFU/g 干重）	细菌 数量（10^4CFU/g 干重）	细菌 占比（%）	放线菌 数量（10^4CFU/g 干重）	放线菌 占比（%）	真菌 数量（10^4CFU/g 干重）	真菌 占比（%）
10~20	轻度	939.63	280.22±63.37a	29.82	657.5±263.53a	69.98	1.90±0.19b	0.20
	中度	67.56	39.51±4.22b	58.48	22.47±4.80b	33.26	5.58±1.17b	8.26
	重度	408.84	23.14±3.08b	0.61	6.83±1.91b	0.18	378.87±598.69a	99.22
20~30	轻度	739.17	242.75±8.30a	32.84	494.57±144.71a	66.91	1.85±0.20c	0.25
	中度	69.13	43.91±7.25b	63.52	16.80±4.87b	24.30	8.42±0.61b	12.18
	重度	73.48	20.90±5.30c	28.44	4.69±0.76b	6.38	47.89±2.86a	65.17
30~40	轻度	442.95	1.55±0.78c	0.35	439.99±42.35a	99.33	1.41±0.16a	0.32
	中度	60.15	52.07±7.94a	86.57	7.84±2.02b	13.03	0.24±0.09c	0.40
	重度	22.55	14.47±6.59b	64.17	7.25±0.87b	32.15	0.83±0.18b	3.68

注：同一列内字母不同表示差异显著（$P<0.05$）。

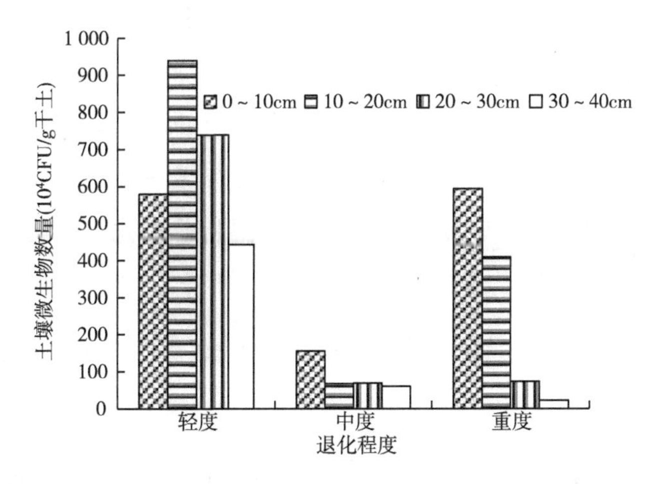

图 3-41　羊草+杂类草群落同一退化程度不同土壤深度土壤微生物数量

贝加尔针茅+羊草群落：土壤微生物变化如表 3-12、图 3-43、图 3-44 所示。0~10cm 土层细菌中度显著高于轻度和重度退化程度，轻度和重度之间没有显著差异；10~20cm 土层轻度和中度显著高于重度退化程度，轻度和

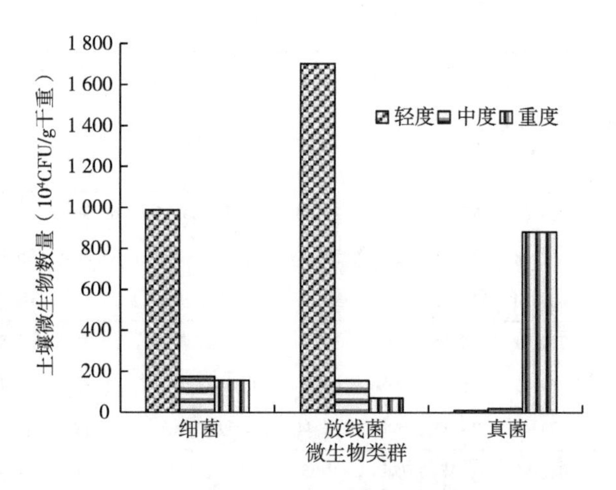

图 3-42　羊草+杂类草群落同一类群不同退化程度土壤微生物数量

中度之间没有显著差异；20~30cm 土层和 30~40cm 土层轻度和中度显著高于重度退化。放线菌的变化趋势为随着退化程度的增加具有显著减少的趋势。0~10cm 土层轻度和中度显著高于重度，轻度和中度之间没有显著性差异；10~20cm 土层轻度显著高于中度和重度，中度和重度之间没有显著性差异。放线菌总数随着退化程度的增加逐渐降低。真菌的变化趋势为随着退化程度的增加而显著增加。0~10cm 土层真菌重度显著高于轻度和中度，10~20cm 土层中度和重度显著高于轻度；20~40cm 土层随着退化程度的增加先减少后增加，这种变化可能与土壤根系的分布有关。同一退化程度不同土层之间微

表 3-12　不同退化程度下贝加尔针茅+羊草群落土壤微生物数量

土壤深度（cm）	退化程度	总量（10^4 CFU/g 干重）	细菌		放线菌		真菌	
			数量（10^4 CFU/g 干重）	占比（%）	数量（10^4 CFU/g 干重）	占比（%）	数量（10^4 CFU/g 干重）	占比（%）
0~10	轻度	5 034. 03	4 926. 70±405. 00b	97. 87	80. 04±11. 84a	1. 59	27. 29±3. 53b	0. 54
	中度	6 575. 14	6 474. 60±969. 86a	98. 47	68. 24±3. 28a	1. 04	32. 30±9. 23b	0. 49
	重度	5 078. 97	4 959. 60±457. 74b	97. 65	3. 75±0. 39b	0. 07	115. 62±24. 06a	2. 28

（续表）

土壤深度（cm）	退化程度	总量（10^4CFU/g 干重）	细菌 数量（10^4CFU/g 干重）	细菌 占比（%）	放线菌 数量（10^4CFU/g 干重）	放线菌 占比（%）	真菌 数量（10^4CFU/g 干重）	真菌 占比（%）
10~20	轻度	4 561.98	4 474.60±452.54a	98.08	84.32±6.39a	1.85	3.66±0.30b	0.08
	中度	4 313.51	4 214.60±87.79a	97.71	78.26±4.35a	1.81	20.65±2.82a	0.48
	重度	477.61	378.70±29.52b	79.29	3.43±0.75b	0.72	23.76±4.46a	4.97
20~30	轻度	456.84	448.05±60.86a	98.08	4.19±1.19ba	0.92	4.60±0.28a	1.01
	中度	397.91	391.29±126.79a	98.34	5.57±0.40a	1.40	1.05±0.22b	0.26
	重度	93.45	85.21±5.60b	91.18	3.51±0.65b	3.76	4.73±0.59a	5.06
30~40	轻度	45.97	39.84±5.24a	86.67	3.46±0.96a	7.53	2.67±0.42a	5.81
	中度	38.39	34.41±4.40a	89.63	3.30±0.69a	8.60	0.68±0.16b	1.77
	重度	8.53	3.56±0.13b	41.74	2.11±0.59a	24.74	2.86±1.38a	33.53

注：同一列内字母不同表示差异显著（P<0.05）。

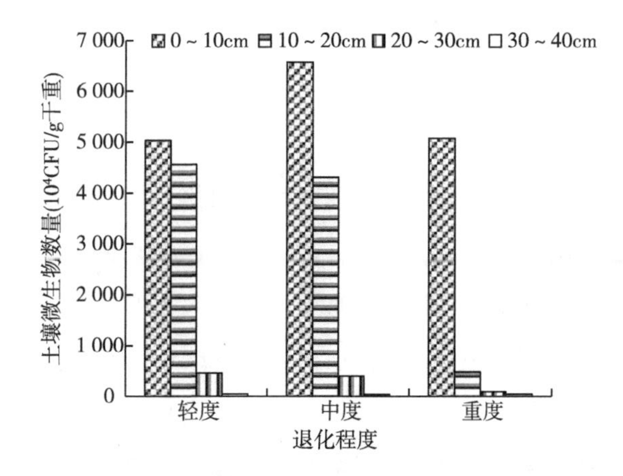

图 3-43　贝加尔针茅+羊草群落同一土壤深度不同退化程度土壤微生物数量

生物数量的变化趋势为，随着土层的加深逐渐降低，轻度退化区 0~10cm、10~20cm、20~40cm 土层之间显著降低，20~30cm 和 30~40cm 没有显著差异；中度和重度退化区 0~20cm 土层显著高于 20~40cm。真菌总数随着退化程度的增加逐渐增加。以上结果表明，土壤微生物的变化与枯枝落叶有密切

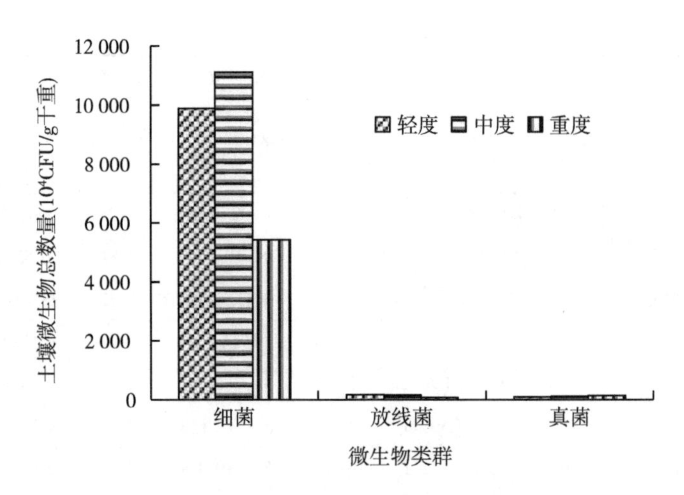

图 3-44　贝加尔针茅+羊草群落同一退化程度不同土壤深度土壤微生物数量

关系，在地表聚积大量枯枝落叶，有充分的营养源，水热和通气状况较好，利于微生物的生长和繁殖。微生物主要以植物残体为营养源，植物质和量的差异必然导致土壤微生物在各植物群落中分布的不均一性。

3.2.4　小结

呼伦贝尔草甸草原不同退化程度下土壤理化性质及微生物，随着退化程度的增加而随之变化。

①土壤粗粒（1~2mm）在 0~10cm 表层重度和中度退化显著高于轻度退化，其他土层呈现出随着退化程度的增强而逐渐增加的趋势；0~30cm 土层，土壤容重重度和中度退化程度显著高于轻度退化程度，30~40cm 土层变化不显著；土壤含水量各土层均表现出轻度退化程度显著高于中度和重度退化程度的趋势。土壤物理性质的垂直变化，土壤粗粒（1~2mm）轻度和中度退化区 0~10cm 土层显著低于其他各土层，其他各土层随着土壤深度的加深逐渐增加，重度则随着土壤的加深而逐渐增加。土壤容重轻度和中度退化程度逐渐增加，重度退化程度显著增加。土壤含水量轻度和重度程度随着土壤深度的增加具有降低的趋势，而中度退化区先降低后增加。

②土壤有机物和土壤全氮含量在同一个群落里变化相似，但在两个群落里有些差异。羊草+杂类草群落在0~20cm土层，轻度退化显著高于中度和重度退化程度，20~40cm土层随着退化程度的增强逐渐降低。而贝加尔针茅+羊草群落，各退化程度之间没有显著性差异，具有逐渐降低的趋势。速效钾含量在0~10cm土层，中度和重度退化程度显著高于轻度退化程度，出现了中度退化区最高的趋势，其他各层逐渐增加。速效氮含量在羊草+杂类草群落0~10cm土层，中度退化程度显著高于轻度和重度退化程度，其他各层轻度和中度退化程度显著高于重度退化程度。而贝加尔针茅+羊草群落各退化程度之间没有显著性差异，随着退化程度的增加而逐渐降低。土壤pH值在各土层随着退化程度的增加逐渐降低。土壤化学成分的垂直变化趋势为土壤有机物和土壤全氮含量随着土壤深度的加深而逐渐降低。速效氮和速效磷在0~10cm土层显著高于其他各土层，其他各土层随着土壤深度的加深逐渐降低，而速效钾和pH值逐渐增加。

③0~40cm土壤微生物总数随退化程度的增加细菌和放线菌的数量显著降低，真菌的数量显著增加。0~10cm土层变化比较明显；细菌在30~40cm土层随着退化程度的增加出现先增加后减少的现象。在不同土壤深度，各退化程度内各类微生物数量随深度的增加而减少，轻度退化区0~10cm土层放线菌数量显著低于其他各土层。在0~10cm土层土壤理化性质和微生物均变化显著。

4　不同程度退化草地植被与土壤因子相关性分析

为了研究草甸草原在不同退化程度下植物群落与土壤因子之间的相互影响和选择诊断草甸草原退化程度指标体系，本部分对羊草+杂类草群落（轻度退化区、中度退化区、重度退化区）和贝加尔针茅+羊草群落（轻度退化区、中度退化区、重度退化区）应用“典型相关分析（CCA）”方法，分析植物群落与土壤因子之间的相关性。在各个退化程度中植物群落变量组由群落平均高度、群落密度、群落盖度、群落地上生物量、群落地下生物量（0~10cm）、群落凋落物、Margelef 丰富度指数、Shannon-Wiener 多样性指数、Simpson 优势度指数和 Pielou 均匀度指数构成。土壤因子变量组由土壤粗粒含量（1~2mm）、土壤容重、土壤含水量、土壤有机质、土壤全氮含量、速效氮、速效磷、速效钾、pH 值、土壤细菌数量、土壤放线菌数量、土壤真菌数量构成。以 X_1~X_{10} 分别代表植物变量组的变量，其中，X_1 为群落平均高度；X_2 为群落密度；X_3 为群落盖度；X_4 为群落地上生物量；X_5 为群落地下生物量（0~10cm）；X_6 为群落凋落物；X_7 为 Margelef 丰富度指数；X_8 为 Shannon-Wiener 多样性指数；X_9 为 Simpson 优势度指数；X_{10} 为 Pielou 均匀度指数。以 X_{11}~X_{22} 分别代表土壤变量组的变量，其中，X_{11} 为土壤粗粒含量；X_{12} 为土壤容重；X_{13} 为土壤含水量；X_{14} 为土壤有机质；X_{15} 为土壤全氮含量；X_{16} 为速效氮；X_{17} 为速效磷；X_{18} 为速效钾；X_{19} 为 pH 值；X_{20} 为土壤细菌数量；X_{21} 为土壤放线菌数量；X_{22} 为土壤真菌数量。土壤指标全部为 0~10cm 土层的指标。

4.1　羊草+杂类草群落不同退化程度下植物群落与土壤因子的典型相关分析

首先对不同退化程度下植物群落指标和土壤指标构成的变量组进行 PCA 分析。

在不同退化程度下羊草+杂类草群落植物指标 PCA 分析结果表明（表 4-1），在前 2 维主成分上累积贡献率分别达到 0.707 4（轻度退化）、0.828 7（中度退化）、0.759 3（重度退化）。各变量在前 2 维主成分上的因子负荷量最大者如下。

轻度退化区：群落高度（X_1）、Shannon-Wiener 多样性指数（X_8）、Simpson 优势度指数（X_9）、Pielou 均匀度指数（X_{10}）、群落盖度（X_3）、Margelef 丰富度指数（X_7）。

中度退化区：地下生物量（X_5）、凋落物（X_6）、Margelef 丰富度指数（X_7）、Shannon-Wiener 多样性指数（X_8）、群落盖度（X_3）、Pielou 均匀度指数（X_{10}）。

重度退化区：群落高度（X_1）、Shannon-Wiener 多样性指数（X_8）、Simpson 优势度指数（X_9）、Pielou 均匀度指数（X_{10}）、群落盖度（X_3）、Margelef 丰富度指数（X_7）。

表 4-1　不同退化程度下羊草+杂类草群落植物变量主成分分析

变量	轻度退化区		中度退化区		重度退化区	
	Prin1	Prin2	Prin1	Prin2	Prin1	Prin2
X_1	0.488 242	0.018 240	−0.128 400	0.492 335	−0.241 490	−0.101 490
X_2	0.287 194	−0.341 890	−0.348 940	0.139 562	−0.085 370	−0.162 920
X_3	0.020 843	0.433 606	0.096 699	0.574 679	0.319 403	0.435 071
X_4	−0.020 490	0.394 259	0.357 203	0.124 882	0.101 730	0.584 131
X_5	0.064 953	0.172 750	0.371 658	0.150 147	0.396 219	0.014 837

（续表）

变量	轻度退化区		中度退化区		重度退化区	
	Prin1	Prin2	Prin1	Prin2	Prin1	Prin2
X_6	0. 307 631	0. 325 747	0. 375 243	−0. 088 280	0. 374 138	−0. 255 460
X_7	0. 033 946	0. 492 617	0. 385 753	0. 021 151	0. 385 876	−0. 264 850
X_8	−0. 403 830	0. 263 479	0. 403 208	−0. 032 280	0. 390 352	−0. 236 830
X_9	−0. 494 140	0. 102 977	0. 366 378	0. 009 651	0. 382 996	−0. 200 650
X_{10}	0. 413 552	0. 284 026	−0. 016 030	0. 600 299	0. 277 668	0. 447 982
主成分分析	1	2	1	2	1	2
	X_1 X_8 X_9 X_{10}	X_3 X_7	X_5 X_6 X_7 X_8	X_3 X_{10}	X_5 X_7 X_8 X_9	X_4 X_{10}
累计贡献率	0. 393 7	0. 707 4	0. 599 9	0. 828 7	0. 544 6	0. 759 3

在不同退化程度下羊草+杂类草群落土壤指标 PCA 分析结果如表 4-2 所示，在前 2 维主成分上累积贡献率分别达到 0. 848 8（轻度退化）、0. 833 8（中度退化）、0. 825 0（重度退化）。各变量在前 2 维主成分上的因子负荷量最大者如下。

轻度退化区：土壤全氮（X_{15}）、速效氮（X_{16}）、速效磷（X_{17}）、细菌（X_{20}）、土壤有机物（X_{14}）、放线菌（X_{21}）。

中度退化区：土壤含水量（X_{13}）、土壤全氮（X_{15}）、速效氮（X_{16}）、速效磷（X_{17}）、土壤粗粒（X_{11}）、土壤有机物（X_{14}）。

重度退化区：土壤全氮（X_{15}）、速效氮（X_{16}）、速效磷（X_{17}）、速效钾（X_{18}）、土壤粗粒（X_{11}）、细菌（X_{20}）。

表 4-2　不同退化程度下羊草+杂类草群落土壤变量主成分分析

变量	轻度退化区		中度退化区		重度退化区	
	Prin1	Prin2	Prin1	Prin2	Prin1	Prin2
X_{11}	0. 320 086	0. 247 231	0. 181 873	0. 438 284	0. 180 981	0. 505 772
X_{12}	0. 340 036	0. 195 201	−0. 340 451	−0. 109 720	0. 224 437	0. 341 664
X_{13}	0. 205 684	0. 335 038	0. 349 878	−0. 004 400	−0. 339 111	−0. 021 780

（续表）

变量	轻度退化区		中度退化区		重度退化区	
	Prin1	Prin2	Prin1	Prin2	Prin1	Prin2
X_{14}	0. 248 167	−0. 380 650	0. 174 877	0. 623 385	−0. 226 711	0. 402 175
X_{15}	0. 367 385	−0. 102 230	0. 345 797	−0. 011 730	0. 369 051	−0. 042 930
X_{16}	0. 368 157	−0. 094 790	0. 349 624	−0. 033 720	0. 367 063	−0. 015 560
X_{17}	0. 367 979	−0. 092 880	0. 347 969	−0. 057 940	−0. 369 597	0. 012 238
X_{18}	0. 126 728	0. 374 709	−0. 274 065	0. 161 628	0. 368 283	0. 042 630
X_{19}	0. 203 567	0. 418 100	−0. 287 772	0. 250 747	0. 361 516	0. 134 143
X_{20}	−0. 373 286	−0. 008 880	−0. 252 801	−0. 266 390	0. 006 272	−0. 498 630
X_{21}	−0. 190 343	0. 424 955	0. 293 896	−0. 231 730	0. 256 412	−0. 434 200
X_{22}	0. 197 571	−0. 345 960	−0. 164 064	0. 434 684	−0. 104 071	0. 077 664
主成分分析	1 X_{15} X_{16} X_{17} X_{20}	2 X_{14} X_{21}	1 X_{13} X_{15} X_{16} X_{17}	2 X_{11} X_{14}	1 X_{15} X_{16} X_{17} X_{18}	2 X_{11} X_{20}
累计贡献率	0. 591 2	0. 848 8	0. 678 4	0. 833 8	0. 603 5	0. 825 0

对不同退化程度下植物群落指标与土壤因子指标典型相关分析的结果表明，羊草+杂类草群落第一、第二、第三和第四典型相关累积方差贡献率均超过 80%以上（轻度退化 83. 78%、中度退化 80. 30%、重度退化 81. 55%），说明第一、第二、第三和第四典型相关变量即可代表植物和土壤两组变量组 80%以上的信息量。多变量的多种统计检验也均达到极显著水平，第一、第二、第三、第四典型相关均差异显著。因此，不同退化程度下植物群落指标与土壤指标之间的相互关系可得到如下表达式。

轻度退化区：

$$OLD1=-0.2985X_1-0.2533X_3+1.3013X_7-2.4882X_8+0.1992X_9+0.5348X_{10}$$

$$YONG1=0.5939X_{14}+2.6951X_{15}-37.3130X_{16}+34.9111X_{17}+0.3477X_{20}-0.0988X_{21}$$

$$OLD2=0.1856X_1+0.1918X_3+5.6019X_7-6.1585X_8+0.4839X_9+1.7641X_{10}$$

$$YONG2=-2.7184X_{14}-2.0097X_{15}+15.3562X_{16}-15.4568X_{17}-0.6129X_{20}-3.8343X_{21}$$

$$OLD3=-0.4733X_1+0.7872X_3-0.7198X_7+2.4525X_8-3.2814X_9+1.7330X_{10}$$

$$YONG3=-0.9977X_{14}-0.7092X_{15}+30.8591X_{16}-31.4335X_{17}-0.0114X_{20}-2.0589X_{21}$$

$$OLD4=-0.2042X_{1}+0.9320X_{3}-3.4173X_{7}+2.8753X_{8}+0.2312X_{9}-0.0393X_{10}$$

$$YONG4=2.8342X_{14}+2.7715X_{15}-48.2149X_{16}+55.0234X_{17}+1.1689X_{20}+11.6656X_{21}$$

…………………………………………………………………………（4-1）

中度退化区：

$$OLD1=-0.2364X_{3}+0.0042X_{5}-0.0042X_{6}-3.3640X_{7}+5.7594X_{8}-2.0850X_{10}$$

$$YONG1=0.0641X_{11}-1.3844X_{13}-1.2738X_{14}-1.4762X_{15}+0.1943X_{16}+0.5739X_{17}$$

$$OLD2=0.0960X_{3}+0.0354X_{5}+0.2027X_{6}+1.3742X_{7}-0.5325X_{8}+0.0444X_{10}$$

$$YONG2=1.0353X_{11}-6.0683X_{13}+10.6880X_{14}-1.8322X_{15}-0.0367X_{16}-15.4773X_{17}$$

$$OLD3=0.3090X_{3}+0.3478X_{5}-1.2555X_{6}+1.8078X_{7}-2.3840X_{8}+0.8014X_{10}$$

$$YONG3=0.7291X_{11}+1.6401X_{13}+4.9400X_{14}+0.0982X_{15}-0.9185X_{16}-3.6177X_{17}$$

…………………………………………………………………………（4-2）

重度退化区：

$$OLD1=0.0547X_{4}-0.0123X_{5}-0.5145X_{7}+3.0683X_{8}-2.4965X_{9}+0.1949X_{10}$$

$$YONG1=0.4342X_{11}+0.7455X_{15}+2.0223X_{16}+0.9445X_{17}+3.6892X_{18}+0.2096X_{20}$$

$$OLD2=0.4048X_{4}+0.0506X_{5}+1.6746X_{7}-2.7429X_{8}+0.6349X_{9}+1.2777X_{10}$$

$$YONG2=-0.1474X_{11}-0.0132X_{15}-5.7148X_{16}-0.8891X_{17}-7.8797X_{18}-1.7112X_{20}$$

$$OLD3=-1.0530X_{4}+0.1038X_{5}+0.8250X_{7}-0.0526X_{8}-1.2316X_{9}+0.9969X_{10}$$

$$YONG3=0.3971X_{11}+0.3355X_{15}-2.4707X_{16}-0.2670X_{17}-0.7523X_{18}+2.3278X_{20}$$

$$OLD4=-1.7067X_{4}+1.8088X_{5}+1.0658X_{7}+1.2343X_{8}-2.2451X_{9}+0.4885X_{10}$$

$$YONG4=0.1474X_{11}+0.5380X_{15}+2.2300X_{16}+0.3283X_{17}-0.4697X_{18}-2.4471X_{20}$$

…………………………………………………………………………（4-3）

由表达式（4-1）可知，轻度退化区植物变量的第一、第二、第三和第四典型变量主要由 X_7（Margelef 丰富度指数）、X_8（Shannon-Wiener 多样性指数）和 X_9（Simpson 优势度指数）决定。土壤变量的第一、第二、第三和第四典型变量主要由 X_{15}（土壤全氮）、X_{16}（速效氮）、X_{17}（速效磷）和 X_{21}（放线菌）决定。Margelef 丰富度指数和 Simpson 优势度指数越高速效磷含量越高；Margelef 丰富度指数和 Simpson 优势度指数越高速效氮含量越低放线菌数量越少；Margelef 丰富度指数和 Simpson 优势度指数越高速效磷含量全氮含量越多；Shannon-Wiener 多样性指数越高土速效磷含量和土壤全氮含量越低；Shannon-Wiener 多样性指数越高速效氮含量和放线菌数量越多。

由表达式（4-2）可知，中度退化区植物变量的第一、第二和第三典型变量主要由 X_6（凋落物）、X_7（Margelef 丰富度指数）、X_8（Shannon-Wiener 多样性指数）和 X_{10}（Pielou 均匀度指数）决定。土壤变量的第一、第二和第三典型变量主要由 X_{13}（土壤含水量）、X_{14}（土壤全氮）、X_{15}（土壤有机物）和 X_{17}（速效磷）决定。Shannon-Wiener 多样性指数越高土壤含水量、土壤有机物越低；Shannon-Wiener 多样性指数越高土壤速效磷、土壤有机物越低；凋落物、Margelef 丰富度指数和 Pielou 均匀度指数越高土壤含水量、土壤有机物越高；凋落物、Margelef 丰富度指数和 Pielou 均匀度指数越高土壤全氮含量、速效磷越低。

由表达式（4-3）可知，重度退化区植物变量的第一、第二、第三和第四典型变量主要由 X_7（Margelef 丰富度指数）、X_8（Shannon-Wiener 多样性指数）、X_9（Simpson 优势度指数）和 X_4（地上生物量）决定。土壤变量的第一、第二、第三和第四典型变量主要由和 X_{16}（速效氮）、X_{18}（速效钾）和 X_{20}（细菌）决定。地上生物量、Shannon-Wiener 多样性指数越高土壤细菌、速效氮、速效钾越高；Margelef 丰富度指数、Simpson 优势度指数越高土壤细菌、速效氮、速效钾越低。

4.2 贝加尔针茅+羊草群落不同退化程度下植物群落与土壤因子的典型相关分析

对不同退化程度下植物群落指标和土壤指标构成的变量组进行 PCA 分析。在不同退化程度下贝加尔针茅+羊草群落植物指标 PCA 分析结果如表 4-3 所示，在前 2 至前 3 维主成分上累积贡献率分别达到 0.823 0（轻度退化）、0.793 1（中度退化）、0.799 1（重度退化）。各变量在前 2 至前 3 维主成分上的因子负荷量最大者如下。

轻度退化区：群落盖度（X_3）、地下生物量（X_5）、Simpson 优势度指数（X_9）、Margelef 丰富度指数（X_7）、Shannon-Wiener 多样性指数（X_8）和地上生物量（X_4）。

中度退化区：地上生物量（X_4）、凋落物（X_6）、Shannon-Wiener 多样性指数（X_8）、地下生物量（X_5）、群落盖度（X_3）、Simpson 优势度指数（X_9）。

重度退化区：群落高度（X_1）、群落盖度（X_3）、凋落物（X_6）、Simpson 优势度指数（X_9）、地上生物量（X_4）、Shannon-Wiener 多样性指数（X_8）和 Pielou 均匀度指数（X_{10}）。

表 4-3　不同退化程度下贝加尔针茅+羊草群落植物变量主成分分析

变量	轻度退化区			中度退化区			重度退化区	
	Prin1	Prin2	Prin3	Prin1	Prin2	Prin3	Prin1	Prin2
X_1	-0.300 324	0.447 532	0.095 919	-0.092 224	-0.327 767	0.459 940	0.151 114	0.464 779
X_2	0.060 927	0.148 856	0.424 531	0.297 004	-0.329 024	0.076 453	0.229 917	0.320 630
X_3	0.432 821	0.031 432	0.367 307	0.238 793	0.521 989	0.224 637	-0.261 804	0.407 249
X_4	-0.210 081	-0.030 530	0.639 547	-0.371 165	0.295 330	0.310 888	0.302 529	-0.376 590
X_5	0.497 825	0.036 248	-0.187 583	0.266 773	0.498 370	0.216 672	-0.236 286	0.250 639
X_6	-0.399 600	0.332 919	-0.180 607	0.431 703	0.139 711	0.107 014	-0.113 673	-0.455 300
X_7	-0.006 868	-0.537 070	0.013 412	-0.316 251	0.272 424	-0.188 330	0.143 183	0.293 124
X_8	0.157 705	0.545 348	-0.129 979	0.495 994	0.035 821	-0.089 780	0.483 705	0.002 877
X_9	0.475 851	0.234 968	-0.068 727	0.222 999	-0.025 649	-0.602 950	0.461 370	0.126 767
X_{10}	0.125 552	0.149 778	0.420 754	0.234 966	-0.283 853	0.412 339	-0.477 651	0.037 233
主成分分析	1	2	3	1	2	3	1	2
	X_3 X_5 X_9	X_7 X_8	X_4	X_4 X_6 X_8	X_3 X_5	X_9	X_8 X_9 X_{10}	X1 X_3 X_6
累计贡献率	0.365 6	0.619 2	0.823 0	0.370 0	0.616 9	0.793 1	0.405 9	0.799 1

不同退化程度下贝加尔针茅+羊草群落土壤指标 PCA 分析结果表明（表 4-4），在前 2 维主成分上累积贡献率分别达到 0.852 7（轻度退化）、

0.819 2（中度退化）、0.840 4（重度退化）。各变量在前 2 维主成分上的因子负荷量最大者如下。

表 4-4　不同退化程度下贝加尔针茅+羊草群落土壤变量主成分分析

变量	轻度退化区		中度退化区		重度退化区	
	Prin1	Prin2	Prin1	Prin2	Prin1	Prin2
X_{11}	0. 343 551	−0. 165 320	0. 261 903	−0. 372 838	−0. 376 430	0. 078 318
X_{12}	−0. 242 120	−0. 406 645	0. 379 783	0. 117 916	−0. 124 810	0. 127 714
X_{13}	−0. 328 850	−0. 252 334	0. 399 509	−0. 029 330	0. 354 593	0. 239 640
X_{14}	0. 357 411	0. 143 620	−0. 345 720	0. 109 341	0. 411 409	−0. 020 970
X_{15}	0. 350 293	0. 157 304	−0. 116 680	0. 490 408	0. 253 125	−0. 370 150
X_{16}	0. 367 691	0. 072 312	0. 226 570	0. 402 235	0. 374 021	−0. 209 330
X_{17}	0. 358 381	0. 135 512	−0. 400 760	−0. 089 343	−0. 294 500	0. 334 111
X_{18}	−0. 142 610	0. 244 031	−0. 337 880	0. 271 782	−0. 178 020	−0. 406 680
X_{19}	−0. 257 730	0. 370 866	−0. 139 740	−0. 332 910	−0. 002 800	0. 460 159
X_{20}	−0. 214 560	0. 467 295	0. 248 309	0. 401 925	0. 360 778	0. 176 306
X_{21}	0. 147 230	−0. 509 124	0. 189 806	−0. 253 466	0. 125 529	0. 432 377
X_{22}	0. 215 991	−0. 002 887	−0. 226 080	−0. 116 244	0. 281 812	0. 179 069
	1	2	1	2	1	2
主成分分析	X_{14} X_{15} X_{16} X_{17}	X_{20} X_{21}	X_{12} X_{13} X_{14} X_{17}	X_{15} X_{16}	X_{11} X_{14} X_{16}	X_{18} X_{19} X_{21}
累计贡献率	0. 603 7	0. 852 7	0. 502 0	0. 819 2	0. 453 7	0. 840 4

轻度退化区：土壤有机物（X_{14}）、土壤全氮（X_{15}）、速效氮（X_{16}）、速效磷（X_{17}）、细菌（X_{20}）、放线菌（X_{21}）。

中度退化区：土壤容重（X_{12}）、土壤含水量（X_{13}）、土壤有机物（X_{14}）、速效磷（X_{17}）、土壤全氮（X_{15}）、速效氮（X_{16}）。

重度退化区：土壤粗粒（X_{11}）、土壤有机物（X_{14}）、速效氮（X_{16}）、土壤速效钾（X_{18}）、pH 值（X_{19}）、放线菌（X_{21}）。

对不同退化程度下植物群落指标与土壤因子指标典型相关分析的结果表明，贝加尔针茅+羊草群落第一、第二、第三和第四典型相关累积方差贡献率均超过70%以上（轻度退化77.33%、中度退化72.46%、重度退化77.88%），说明第一、第二、第三和第四典型相关变量即可代表植物和土壤两组变量组70%以上的信息量。多变量的多种统计检验也均达到极显著水平，轻度第一、第二典型相关、中度第一典型相关、重度第一典型相关差异极显著。

不同退化程度下植物群落指标与土壤指标之间的相互关系可得到如下表达式。

轻度退化区：

$$OLD1=0.1381X_1+0.0758X_4+1.0285X_5+0.1662X_7+0.0012X_8+0.2254X_9$$

$$YONG1=-2.6043X_{14}+2.4447X_{15}-3.3335X_{16}-2.5035X_{17}+0.1470X_{20}-0.2001X_{21}$$

$$OLD2=-0.1741X_1-0.8970X_4+0.2025X_5-0.1703X_7+0.0127X_8-0.0853X_9$$

$$YONG2=1.6912X_{14}-3.4736X_{15}+3.4736X_{16}+1.2063X_{17}-0.2687X_{20}-0.1830X_{21}$$

……（4-4）

中度退化区：

$$OLD1=0.0208X_3+1.2310X_4+0.2667X_5-0.3573X_6-0.0284X_8-0.0798X_9$$

$$YONG1=0.4611X_{12}+0.1843X_{13}-0.3166X_{14}-0.2182X_{15}-0.5274X_{16}+0.5926X_{17}$$

……（4-5）

重度退化区：

$$OLD1=-0.3097X_1+0.8370X_3-0.1162X_6-1.3962X_8+0.0175X_9+0.9361X_{10}$$

$$YONG1=-2.1227X_{11}+1.5877X_{14}-0.7488X_{16}+2.2142X_{18}+1.0329X_{19}-0.7895X_{21}$$

$$OLD2=-0.3262X_1-0.5417X_3+1.1607X_6+1.9141X_8+0.0695X_9-1.5097X_{10}$$

$$YONG2=-0.0357X_{11}-1.5303X_{14}+5.2192X_{16}+4.6114X_{18}-1.7131X_{19}+1.3065X_{21}$$

……（4-6）

由表达式（4-4）可知，轻度退化区植物变量的第一和第二典型变量主要由X_4（地上生物量）、X_5（地下生物量）和X_7（Margelef丰富度指数）、X_9（Simpson优势度指数）决定。土壤变量的第一和第二典型变量主要由X_{14}（土壤有机物）、X_{15}（土壤全氮）、X_{16}（速效氮）和X_{17}（速效磷）决定。地上生物量、地下生物量、凋落物和优势度指数越高土壤有机物、速效氮和速效磷含量越低；地上生物量、地下生物量、凋落物和优势度指数越高土壤全氮含量越高。

由表达式（4–5）可知，中度退化区植物变量的第一典型变量主要由 X_4（地上生物量）、X_5（地下生物量）和 X_6（凋落物）、X_9（Simpson 优势度指数）决定。土壤变量的第一典型变量主要由 X_{14}（土壤有机物）和 X_{15}（土壤全氮）、X_{16}（速效氮）和 X_{17}（速效磷）决定。地上生物量和地下生物量越高土壤有机物、土壤全氮和速效氮含量越低；地上生物量、地下生物量越高速效磷含量越高；凋落物和优势度指数越高土壤有机物、速效氮和速效磷含量越高；凋落物和优势度指数越高速效磷越低。

由表达式（4–6）可知，重度退化区植物变量的第一和第二典型变量主要由 X_1（群落高度）、X_6（凋落物）和 X_{10}（Pielou 均匀度指数）、X_9（Simpson 优势度指数）决定。土壤变量的第一典型变量主要由 X_{11}（土壤粗粒）和 X_{18}（速效钾）、X_{16}（速效氮）决定。群落高度、凋落物和 Simpson 优势度指数越高土壤粗粒和速效氮含量越高；群落高度和凋落物越高速效钾含量越低；Pielou 均匀度指数越高土壤粗粒和速效氮越低；均匀度指数越高速效钾越高。

4.3 小结

呼伦贝尔草甸草原两个群落不同退化程度下植物变量与土壤因子变量的典型相关关系表现不一致。

①羊草+杂类草群落轻度退化区 Margelef 丰富度指数、Shannon–Wiener 多样性指数、Simpson 优势度指数与土壤全氮、速效氮、速效磷和放线菌显著相关。Margelef 丰富度指数和 Simpson 优势度指数与速效磷和土壤全氮含量正相关，与速效氮和放线菌数量负相关。Shannon–Wiener 多样性指数与土壤速效磷和土壤全氮含量负相关，与速效氮正相关。中度退化区凋落物、Margelef 丰富度指数、Shannon–Wiener 多样性指数、Pielou 均匀度指数与土壤含水量、土壤全氮、土壤有机物和速效磷显著相关。Shannon–Wiener 多样性指数与土壤含水量、土壤有机物负相关，与土壤速效磷、土壤有机物正相关。凋落物、

Margelef 丰富度指数和 Pielou 均匀度与土壤含水量、土壤有机物正相关，与土壤全氮含量、速效磷负相关。重度退化区 Margelef 丰富度指数、Shannon-Wiener 多样性指数、Simpson 优势度指数与地上生物量、速效氮、速效钾和细菌显著相关。地上生物量、Shannon-Wiener 多样性指数与土壤细菌、速效氮、速效钾正相关，Margelef 丰富度指数、Simpson 优势度指数与土壤细菌、速效氮、速效钾负相关。

②贝加尔针茅+羊草群落轻度退化区地上生物量、地下生物量、Margelef 丰富度指数 Simpson 优势度指数与土壤有机物、土壤全氮、速效氮、速效磷显著相关。地上生物量、地下生物量、凋落物和优势度指数与土壤有机物、速效氮和速效磷含量负相关与土壤全氮含量正相关。中度退化区地上生物量、地下生物量、凋落物、Simpson 优势度指数与土壤有机物、土壤全氮、速效氮和速效磷显著相关。地上生物量和地下生物量与土壤有机物、土壤全氮和速效氮负相关。与效磷含量正相关。凋落物和优势度指数与土壤有机物、速效氮和速效磷含量正相关，与速效磷负相关。重度退化区群落高度、凋落物、Pielou 均匀度指数、Simpson 优势度指数与土壤粗粒、速效钾、速效氮显著相关。群落高度、Simpson 优势度指数和凋落物与土壤粗粒和速效氮含量正相关与速效钾含量负相关；Pielou 均匀度指数与土壤粗粒和速效氮负相关，与速效钾正相关。

5　草甸草原不同退化程度下模糊综合评价

5.1　草甸草原不同退化程度诊断指标体系的选择

本部分通过对不同退化程度下草甸草原退化特征的分析研究，共获得具有显著性差异的10个植被指标和12个土壤指标，并对这些指标进行了植被变量指标与土壤变量指标的主成分分析和典型相关分析。其目的是为选择草原生态系统退化诊断模糊综合评价指标体系提供依据。根据以上研究结果模糊评价指标体系选择原则：一是指标的敏感性要强；二是具有显著性差异的数量化指标；三是贡献率大的指标；四是植被变量与土壤变量之间显著相关指标。评价时以轻度放牧为标准，要求评价指标沿轻度方向负梯度差异显著。按照上述确定不同退化程度指标选择的原则，利用野外生态学调查所获得的差异性数据建立不同退化程度的植被体系、土壤体系、植被与土壤体系的模糊综合评价指标体系，经过模糊综合评价所得到的系数为退化指示度。

5.2　羊草+杂类草群落的模糊综合评价

5.2.1　以植被指标为体系的模糊综合评价

以植被野外调查数据为因素集，不同退化程度为处理集，对羊草+杂类草群落退化程度进行模糊综合评价如下。

（1）中度退化区

模糊综合评价矩阵为 $U_{2\times4}=(U_{ij})$

$$\begin{bmatrix} \text{凋落物} & \text{丰富度指数} & \text{多样性指数} & \text{均匀度指数} \\ 77.4185 & 4.7361 & 3.0023 & 0.8831 \\ 35.4287 & 3.3337 & 2.5422 & 0.8466 \end{bmatrix}$$

得到评价矩阵 $R=(r_{ij})_{2\times4}$

$$\begin{bmatrix} 1.000 & 1.000 & 1.000 & 1.000 \\ 0.4576 & 0.7037 & 0.8468 & 0.9587 \end{bmatrix}$$

从评价矩阵 R 我们可以得到羊草+杂类草群落中度退化区的凋落物、Margelef 丰富度指数、Shannon-Wiener 多样性指数和 Pielou 均匀度指数的差异性系数。

$R_1=F(X\times U_1)$ 即

R_1	D_1	D_2	D_3
X_1	1.000	1.000	1.000
X_2	0.958 7	0.457 6	0.741 7

模糊综合评价系数（指示度）

$$\begin{bmatrix} d_1 & 1.000 & \text{轻度退化} \\ d_2 & 0.7193 & \text{中度退化} \end{bmatrix}$$

从凋落物、Margelef 丰富度指数、Shannon-Wiener 多样性指数和 Pielou 均匀度指数 4 个植被指标为体系的模糊综合评价的结果看，羊草+杂类草群落中度退化区指示度为 0.719 3，即中度退化区植被退化程度是当前轻度退化程度的 71.93%。

（2）重度退化区

模糊综合评价矩阵为 $U_{2\times4}=(U_{ij})$

$$\begin{bmatrix} 丰富度指数 & 多样性指数 & 优势度指数 & 地上生物量 \\ 4.7361 & 3.0023 & 0.9546 & 257.8800 \\ 1.6513 & 2.0435 & 0.8179 & 70.1400 \end{bmatrix}$$

得到评价矩阵 $R=(r_{ij})_{2\times 4}$

$$\begin{bmatrix} 1.000 & 1.000 & 1.000 & 1.000 \\ 0.3487 & 0.6806 & 0.8569 & 0.2719 \end{bmatrix}$$

从评价矩阵 R 我们可以得到羊草+杂类草群落重度退化区的 Margelef 丰富度指数、Shannon-Wiener 多样性指数、Simpson 优势度指数和地上生物量的差异性系数。

$R_1=F(X\times U_1)$ 即

R_1	D_1	D_2	D_3
X_1	1.000	1.000	1.000
X_2	0.856 8	0.271 9	0.539 5

模糊综合评价系数（指示度）

$$\begin{bmatrix} d_1 & 1.000 & 轻度退化 \\ d_2 & 0.5561 & 中度退化 \end{bmatrix}$$

从 Margelef 丰富度指数、Shannon-Wiener 多样性指数、Simpson 优势度指数和地上生物量 4 个植被指标为体系的模糊综合评价的结果看，羊草+杂类草群落的重度退化区指示度为 0.556 1，即中度退化区植被是当前轻度退化程度的 55.61%。

5.2.2 以土壤指标为体系的模糊综合评价

经过上述分析得出的土壤指标为因素集，不同退化程度为处理集，对羊草+杂类草群落的退化程度进行模糊综合评价如下。

（1）中度退化区

模糊综合评价矩阵为 $U_{2\times4}=(U_{ij})$

$$\begin{bmatrix} \text{土壤含水量} & \text{土壤有机物} & \text{土壤全氮} & \text{速效磷} \\ 13.8029 & 69.0342 & 3.2084 & 5.2992 \\ 12.2111 & 61.6223 & 3.0274 & 4.2617 \end{bmatrix}$$

得到评价矩阵 $R=(r_{ij})_{2\times4}$

$$\begin{bmatrix} 1.000 & 1.000 & 1.000 & 1.000 \\ 0.8847 & 0.8926 & 0.9436 & 0.8042 \end{bmatrix}$$

从评价矩阵 R 我们可以得到羊草+杂类草群落中度退化程度的土壤含水量、土壤有机物、土壤全氮和速效磷的差异性系数。

$R_1=F(X\times U_1)$ 即

R_1	D_1	D_2	D_3
X_1	1.000	1.000	1.000
X_2	0.943 6	0.804 2	0.881 3

模糊综合评价系数（指示度）

$$\begin{bmatrix} d_1 & 1.000 & \text{轻度退化} \\ d_2 & 0.8764 & \text{中度退化} \end{bmatrix}$$

从土壤含水量、土壤有机物、土壤全氮和速效磷 4 个指标为体系的模糊综合评价的结果看，羊草+杂类草群落中度退化区的指示度为 0.876 4，即中度退化区土壤因子是当前轻度退化程度的 87.64%。

（2）重度退化区

模糊综合评价矩阵为 $U_{2\times4}=(U_{ij})$

$$\begin{bmatrix} \text{速效氮} & \text{速效钾} & \text{细菌} \\ 266.8933 & 1/266.6782 & 463.3717 \\ 243.9201 & 1/422.8971 & 102.6410 \end{bmatrix}$$

得到评价矩阵 $R=(r_{ij})_{2\times4}$

$$\begin{bmatrix} 1.000 & 1.000 & 1.000 \\ 0.9139 & 0.6486 & 0.2215 \end{bmatrix}$$

从评价矩阵 R 我们可以得到羊草+杂类草群落重度退化区的速效氮、速效钾倒数和细菌数量的差异性系数。

$R_1=F(X\times U_1)$ 即

R_1	D_1	D_2	D_3
X_1	1.000	1.000	1.000
X_2	0.913 6	0.221 5	0.594 7

模糊综合评价系数（指示度）

$$\begin{bmatrix} d_1 & 1.000 & \text{轻度退化} \\ d_2 & 0.5767 & \text{中度退化} \end{bmatrix}$$

从速效氮、速效钾倒数和细菌数量 3 个指标为指标体系的模糊综合评价的结果看，羊草+杂类草群落重度退化区的指示度为 0.576 7，即重度退化区羊草+杂类草群落土壤因子是当前轻度退化程度的 57.67%。

5.2.3 以植被和土壤指标为体系的模糊综合评价

经过上述分析得出的植被指标和土壤指标为因素集，不同退化程度为处理集，对羊草+杂类草群落的退化程度进行模糊综合评价如下。

（1）中度退化区

模糊综合评价矩阵为 $U_{2\times8}=(U_{ij})$

$$\begin{bmatrix} \text{凋落物} & \text{丰富度指数} & \text{多样性指数} & \text{均匀度指数} & \text{含水量} & \text{有机物} & \text{全氮} & \text{速效氮} \\ 77.4185 & 4.7361 & 3.0023 & 0.8831 & 13.8029 & 69.0302 & 3.2084 & 5.2992 \\ 35.4287 & 3.3337 & 2.5422 & 0.8466 & 12.2111 & 61.6223 & 3.0274 & 4.2617 \end{bmatrix}$$

得到评价矩阵 $R=(r_{ij})_{2\times8}$

$$\begin{bmatrix} 1.000 & 1.000 & 1.000 & 1.000 & 1.000 & 1.000 & 1.000 & 1.000 \\ 0.4576 & 0.7039 & 0.8468 & 0.9587 & 0.8827 & 0.8926 & 0.9436 & 0.8042 \end{bmatrix}$$

从评价矩阵 R 我们可以得到羊草+杂类草群落不同退化程度的凋落物、Margelef 丰富度指数、Shannon-Wiener 多样性指数、Pielou 均匀度指数、土壤含水量、土壤有机物、土壤全氮和速效氮的指示度。

$R_1=F\ (X\times U_1)$ 即

R_1	D_1	D_2	D_3
X_1	1.000	1.000	1.000
X_2	0.958 7	0.457 6	0.811 5

模糊综合评价系数（指示度）

$$\begin{bmatrix} d_1 & 1.000 & \text{轻度退化} \\ d_2 & 0.742\,6 & \text{中度退化} \end{bmatrix}$$

从凋落物、Margelef 丰富度指数、Shannon-Wiener 多样性指数、Pielou 均匀度指数、土壤含水量、土壤有机物、土壤全氮和速效氮的 8 个指标为体系的模糊综合评价的结果看，羊草+杂类草群落中度退化区的指示度为 0.742 6，即中度退化区植被和土壤因子是当前轻度退化程度的 74.26%。

（2）重度退化区

模糊综合评价矩阵为 $U_{2\times7}=\ (U_{ij})$

$$\begin{bmatrix} \text{丰富度指数} & \text{多样性指数} & \text{优势度指数} & \text{地上生物量} & \text{速效氮} & \text{速效钾倒数} & \text{细菌} \\ 4.736\,1 & 3.002\,3 & 0.954\,6 & 257.880\,0 & 266.893\,3 & 1/266.678\,2 & 463.371\,7 \\ 1.651\,3 & 2.043\,5 & 0.817\,9 & 70.140\,0 & 243.920\,1 & 1/422.897\,1 & 102.641\,0 \end{bmatrix}$$

得到评价矩阵 $R=\ (r_{ij})_{2\times7}$

$$\begin{bmatrix} 1.000 & 1.000 & 1.000 & 1.000 & 1.000 & 1.000 & 1.000 & 1.000 \\ 0.457\,6 & 0.703\,9 & 0.846\,8 & 0.958\,7 & 0.882\,7 & 0.892\,6 & 0.943\,6 & 0.804\,2 \end{bmatrix}$$

从评价矩阵 R 我们可以得到羊草+杂类草群落不同退化程度的 Margelef 丰富度指数、Shannon-Wiener 多样性指数、Simpson 优势度指数、地上生物量、速效氮、速效钾倒数和细菌数量的指示度。

$R_1=F\ (X\times U_1)$ 即

R_1	D_1	D_2	D_3
X_1	1.000	1.000	1.000
X_2	0.913 9	0.221 5	0.492 8

模糊综合评价系数（指示度）

$$\begin{bmatrix} d_1 & 1.000 & \text{轻度退化} \\ d_2 & 0.561\,1 & \text{重度退化} \end{bmatrix}$$

从 Margelef 丰富度指数、Shannon-Wiener 多样性指数、Simpson 优势度指数、地上生物量、速效氮、速效钾倒数和细菌数量的 7 个指标为体系的模糊综合评价的结果看，羊草+杂类草群落重度退化区的指示度为 0.561 1，即重度退化区植被和土壤因子是当前轻度退化程度的 56.11%。

5.3 贝加尔针茅+羊草群落的模糊综合评价

5.3.1 以植被指标为体系的模糊综合评价

以植被野外调查数据为因素集，不同退化程度为处理集，对贝加尔针茅+羊草群落的退化程度进行模糊综合评价如下。

（1）中度退化区

模糊综合评价矩阵为 $U_{2\times4}=(U_{ij})$

$$\begin{bmatrix} \text{地上生物量} & \text{地下生物量} & \text{凋落物} & \text{优势度指数} \\ 208.930\,0 & 246.840\,0 & 90.345\,6 & 0.930\,0 \\ 142.240\,0 & 218.110\,0 & 44.123\,4 & 0.920\,0 \end{bmatrix}$$

得到评价矩阵 $R=(r_{ij})_{2\times4}$

$$\begin{bmatrix} 1.000 & 1.000 & 1.000 & 1.000 \\ 0.680\,8 & 0.883\,6 & 0.488\,4 & 0.989\,2 \end{bmatrix}$$

从评价矩阵 R 我们可以得到贝加尔针茅+羊草群落中度退化程度的地上

生物量、地下生物量、凋落物和 Simosin 优势度指数的差异性系数。

$R_1=F\ (X\times U_1)$ 即

R_1	D_1	D_2	D_3
X_1	1.000	1.000	1.000
X_2	0.989 2	0.488 4	0.760 5

模糊综合评价系数（指示度）

$$\begin{bmatrix} d_1 & 1.000 & \text{轻度退化} \\ d_2 & 0.746\,0 & \text{中度退化} \end{bmatrix}$$

从地上生物量、地下生物量、凋落物和 Simpson 优势度指数 4 个植被指标为体系的模糊综合评价的结果看，贝加尔针茅+日阴菅群落中度退化区的指示度为 0.746 0，即中度退化区植被是当前轻度退化程度的 74.60%。

（2）重度退化区

模糊综合评价矩阵为 $U_{2\times4}=\ (U_{ij})$

$$\begin{bmatrix} \text{群落高度} & \text{凋落物} & \text{优势度指数} & \text{均匀度指数} \\ 25.313\,6 & 90.345\,6 & 0.930\,0 & 0.890\,0 \\ 7.479\,6 & 21.621\,1 & 0.850\,0 & 0.840\,0 \end{bmatrix}$$

得到评价矩阵 $R=\ (r_{ij})_{2\times4}$

$$\begin{bmatrix} 1.000 & 1.000 & 1.000 & 1.000 \\ 0.295\,5 & 0.239\,3 & 0.914\,0 & 0.943\,8 \end{bmatrix}$$

从评价矩阵 R 我们可以得到贝加尔针茅+羊草群落重度退化区的群落高度、凋落物、Simpson 优势度指数和 Pielou 均匀度指数的差异性系数。

$R_1=F\ (X\times U_1)$ 即

R_1	D_1	D_2	D_3
X_1	1.000	1.000	1.000
X_2	0.943 8	0.239 3	0.598 2

模糊综合评价系数（指示度）

$$\begin{bmatrix} d_1 & 1.000 & \text{轻度退化} \\ d_2 & 0.5938 & \text{重度退化} \end{bmatrix}$$

从群落高度、凋落物、Simpson 优势度指数和 Pielou 均匀度指数 4 个植被指标为体系的模糊综合评价的结果看，贝加尔针茅+羊草群落重度退化区的指示度为 0.593 8，即重度退化区植被是当前轻度退化程度的 59.38%。

5.3.2 以土壤指标为体系的模糊综合评价

经过上述分析得出的土壤指标为因素集，不同退化程度为处理集，对贝加尔针茅+羊草群落的退化程度进行模糊综合评价如下。

（1）中度退化区

模糊综合评价矩阵为 $U_{2\times4}=(U_{ij})$

$$\begin{bmatrix} \text{土壤有机物} & \text{土壤全氮} & \text{速效氮} & \text{速效磷} \\ 69.4500 & 3.3400 & 329.2000 & 6.3000 \\ 63.2300 & 3.2200 & 315.8932 & 4.9600 \end{bmatrix}$$

得到评价矩阵 $R=(r_{ij})_{2\times4}$

$$\begin{bmatrix} 1.000 & 1.000 & 1.000 & 1.000 \\ 0.9104 & 0.9641 & 0.9596 & 0.7873 \end{bmatrix}$$

从评价矩阵 R 我们可以得到贝加尔针茅+羊草群落中度退化程度的土壤有机物、土壤全氮、速效氮和速效磷的差异性系数。

$R_1=F(X\times U_1)$ 即

R_1	D_1	D_2	D_3
X_1	1.000	1.000	1.000
X_2	0.964 1	0.787 3	0.905 4

模糊综合评价系数（指示度）

$$\begin{bmatrix} d_1 & 1.000 & \text{轻度退化} \\ d_2 & 0.8856 & \text{中度退化} \end{bmatrix}$$

从土壤有机物、土壤全氮、速效氮和速效磷 4 个指标为体系的模糊综合评价的结果看，贝加尔针茅+羊草中度退化区的指示度为 0.885 6，即中度退化区土壤因子是轻度退化程度的 88.56%。

（2）重度退化区

模糊综合评价矩阵为 $U_{2\times3}=(U_{ij})$

$$\begin{bmatrix} \text{土壤粗粒倒数} & \text{速效氮} & \text{速效钾} \\ 1/0.0671 & 3.2900 & 250.0200 \\ 1/0.1214 & 2.1500 & 169.1400 \end{bmatrix}$$

得到评价矩阵 $R=(r_{ij})_{2\times4}$

$$\begin{bmatrix} 1.000 & 1.000 & 1.000 \\ 0.5527 & 0.6535 & 0.6765 \end{bmatrix}$$

从评价矩阵 R 我们可以得到贝加尔针茅+羊草群落重度退化程度的土壤粗粒倒数、速效氮和速效钾的差异性系数。

$R_1=F(X\times U_1)$ 即

R_1	D_1	D_2	D_3
X_1	1.000	1.000	1.000
X_2	0.676 5	0.552 7	0.627 6

模糊综合评价系数（指示度）

$$\begin{bmatrix} d_1 & 1.000 & \text{轻度退化} \\ d_2 & 0.6189 & \text{中度退化} \end{bmatrix}$$

从速效氮、速效钾倒数和细菌数量 3 个指标为体系的模糊综合评价的结果看，贝加尔针茅+羊草群落重度退化区的指示度为 0.618 9，即重度退化区土壤因子是当前轻度退化程度的 61.89%。

5.3.3 以植被和土壤指标为体系的模糊综合评价

经过上述分析得出的植被指标和土壤指标为因素集，不同退化程度为处理集，对贝加尔针茅+羊草群落的退化程度进行模糊综合评价如下。

（1）中度退化区

模糊综合评价矩阵为 $U_{2\times 8}=(U_{ij})$

地上生物量	地下生物量	凋落物	优势度指数	有机物	全氮	速效氮	速效磷
208.93	246.84	90.35	0.93	69.45	3.34	329.20	6.30
142.24	218.11	44.12	0.92	63.23	3.22	315.89	4.96

得到评价矩阵 $R=(r_{ij})_{2\times 8}$

$$\begin{bmatrix} 1.000 & 1.000 & 1.000 & 1.000 & 1.000 & 1.000 & 1.000 & 1.000 \\ 0.6808 & 0.8836 & 0.4884 & 0.9892 & 0.9104 & 0.9641 & 0.9596 & 0.7873 \end{bmatrix}$$

从评价矩阵 R 我们可以得到贝加尔针茅+羊草群落不同退化程度的地上生物量、地下生物量、凋落物、Simpson 优势度指数、土壤有机物、土壤全氮、速效氮和速效磷的指示度。

$R_1=F(X\times U_1)$ 即

R_1	D_1	D_2	D_3
X_1	1.000	1.000	1.000
X_2	0.989 2	0.488 4	0.832 9

模糊综合评价系数（指示度）

$$\begin{bmatrix} d_1 & 1.000 & \text{轻度退化} \\ d_2 & 0.7702 & \text{中度退化} \end{bmatrix}$$

从地上生物量、地下生物量、凋落物、Simpson 优势度指数、土壤有机物、土壤全氮、速效氮和速效磷的 8 个指标为指标体系的模糊综合评价的结果看，贝加尔针茅+羊草群落中度退化区的指示度为 0.770 2，即中度退化区植被和土壤因子是当前轻度退化程度的 77.02%。

(2) 重度退化区

模糊综合评价矩阵为 $U_{2\times7}=(U_{ij})$

$$\begin{bmatrix} 群落高度 & 凋落物 & 优势度指数 & 均匀度指数 & 粗粒倒数 & 速效氮 & 速效钾 \\ 25.3136 & 90.3456 & 0.9300 & 0.8900 & 1/0.0671 & 3.2900 & 250.0200 \\ 7.4796 & 21.6211 & 0.8500 & 0.8400 & 1/0.1214 & 2.1500 & 169.1400 \end{bmatrix}$$

得到评价矩阵 $R=(r_{ij})_{2\times7}$

$$\begin{bmatrix} 1.000 & 1.000 & 1.000 & 1.000 & 1.000 & 1.000 & 1.000 \\ 0.2955 & 0.2393 & 0.9140 & 0.9438 & 0.5527 & 0.6535 & 0.6765 \end{bmatrix}$$

从评价矩阵 R 我们可以得到贝加尔针茅+羊草群落不同退化程度的群落高度、凋落物、Simpson 优势度指数、Pielou 均匀度指数、土壤粗粒倒数、速效氮和速效钾的指示度。

$R_1=F(X\times U_1)$ 即

R_1	D_1	D_2	D_3
X_1	1.000	1.000	1.000
X_2	0.9438	0.2393	0.6108

模糊综合评价系数 (指示度)

$$\begin{bmatrix} d_1 & 1.000 & 轻度退化 \\ d_2 & 0.5980 & 重度退化 \end{bmatrix}$$

从群落高度、凋落物、Simpson 优势度指数、Pielou 均匀度指数、土壤粗粒倒数、速效氮和速效钾的 7 个指标为体系的模糊综合评价的结果看，贝加尔针茅+羊草群落重度退化区的指示度为 0.5980，即重度退化区植被和土壤因子是当前轻度退化程度的 59.80%。

5.4 小结

①植被指标为体系的模糊综合评价结果表明，羊草+杂类草群落中度退化

区指示度为 0.719 3，即中度退化区植被退化程度是当前轻度退化程度的71.93%。重度退化区为 0.556 1，重度退化区植被是当前轻度退化程度的55.61%。贝加尔针茅+羊草群落中度退化区指示度为 0.746 0，即中度退化区植被退化程度是当前轻度退化程度的 74.60%。重度退化区为 0.593 8，是当前轻度退化程度的 59.38%。

②土壤指标为体系的模糊综合评价结果表明，羊草+杂类草群落中度退化区指示度为 0.876 4，即中度退化区植被退化程度是当前轻度退化程度的87.64%。重度退化区为 0.576 7，重度退化区植被是当前轻度退化程度的57.67%。贝加尔针茅+羊草群落中度退化区指示度为 0.885 6，即中度退化区植被退化程度是当前轻度退化程度的 88.56%。重度为 0.618 9，是当前轻度退化程度的 61.89%。

③植被指标与土壤指标相结合的指标体系的模糊综合评价结果表明，羊草+杂类草群落中度退化区指示度为 0.742 6，即中度退化区植被退化程度是当前轻度退化程度的 74.26%。重度退化区为 0.561 1，重度退化区植被是当前轻度退化程度的 56.11%。贝加尔针茅+羊草群落中度退化区指示度为 0.770 2，即中度退化区植被退化程度是当前轻度退化程度的 77.02%。重度为 0.598 0，是当前轻度退化程度的 59.80%。

6 讨论与结论

6.1 讨论

生态系统从一个稳定状态演替到脆弱的不稳定的退化状态，在这一过程中，生态系统在系统组成、结构、能量和物质循环总量与效率、生物多样性等方面均会发生质的变化。不合理地过度利用草地资源，使绿色植物的生物量减少导致可利用价值下降或丧失，使系统自我调控功能和机制受损，是利用方式对系统进行扰动的反馈与响应。过度放牧利用使家畜不喜食、不可食的植物比例增加。轻度退化草地系统状态处于系统调节阈限之内，随着退化程度的增加，系统的稳定性将下降，趋向于崩溃。

放牧是人类对草地的主要干扰方式之一。全球陆地总面积大约 25%为天然草地，草地为反刍家畜提供大约 70%的饲草。适度放牧不但能促进牧草生长发育，提高牧草再生能力及营养价值，保持草地较高的利用率，而且保护了草地的植物多样性，是维持群落稳定、防止草地退化、有利于草地持续利用的重要措施。轻度放牧草场牧草种类多，主要的优势种多是家畜喜食的豆科和禾本科牧草。不合理的放牧常常带来植物群落的逆行演替，造成草地生产性能质和量的下降，家畜通过选择性采食、践踏和粪便归还而直接影响草原植物群落结构和土壤理化性质。

草地退化最明显的变化是草地植被的变化，包括质量特征（如植物种群构成）和数量特征（如生产力）方面的变化。草原植物群落的结构与外貌通常以优势种和种类组成为特征。因此，优势种的更替可成为植物群落演替的标识。环境压力往往导致植物生长所需资源的有效性发生改变，从而影响植物的生长和繁殖，不同种类植物的生存适合度决定了植物群落的组成和数量结构。其中包括组成群落植物的种类，以及不同种类成分的数量和在群落中所占的地位。一个地区的植被类型就是该地区所有环境因子的综合体现。环境因子的干扰作用依其强度的不同对草地植被产生的影响也不同。草原植被变化是放牧行为的直接体现，而草原植被组成则是植被分析与描述的基本特征。群落物种组成与重要值是地上植被可视景观的综合反映。植物群落中优势种、伴生种、常见种及偶见种等重要值的变化，可以在一定程度上反映不同退化程度下植物群落偏离顶极程度的状况。

在放牧条件下，草原植物群落特征与牧压强度密切相关，研究表明，呼伦贝尔草甸草原随着草地退化程度的增加，群落物种组成逐渐单一，数量逐渐减少，其中代表草甸草原成分的物种重要值变化较明显，特别是羊草的重要值。群落伴生种的重要值随着退化程度的增加而降低，有些耐践踏、适口性差的物种，如寸草苔、披针叶黄华、糙隐子草等对草甸草原具有一定指示作用的物种重要值具有上升的趋势。此结果与程积民和万惠娥（2002）的研究结果类似，也有些差异，主要是羊草重要值的变化与其他研究结果有些不同。研究以相对高度、相对盖度和相对密度为参数计算重要值，发现羊草相对高度、相对盖度均随着退化程度的增加而降低，而相对密度随着退化程度的增加而增加。这可能与研究区放牧家畜和草地类型有关，或者是奶牛的践踏深度适合于羊草根茎的繁殖，从而使羊草的个体数量增加导致相对密度增加所致。随着草地退化程度的加剧，群落物种组成发生明显变化，轻度和中度退化草地仍以禾本科为优势种，退化指示类的菊科植物的重要地位得到提升，中度退化区蔷薇科和毛茛科植物不断增加，重度退化阶段耐践踏的菊科植物和莎草科和小型禾草占优势。此结果与刘东霞（2008）对呼伦贝尔退化草地植被演替特征研究的结果相一致。

在放牧干扰下，植物群落的数量特征随之发生变化。研究表明，不同退化程度下草地地上现存量、群落盖度、群落高度等数量特征均随着退化程度的加大，各退化程度之间均有显著降低的趋势，尤其是在重度退化阶段，对草地植被的盖度形成质的影响。对群落密度的影响与前几个数量特征相反，各退化程度之间没有显著性差异，群落密度在中度退化区降低，而在重度退化区增加。此结果与大多数研究者得出的过度利用往往增加莎草科和禾本科草群的分蘖密度的结论一致。这可能与随着放牧强度的加大羊草和寸草苔的个体数量增加有关。地下生物量变化趋势为轻度>中度>重度，而且在羊草+杂类草群落具有显著降低的趋势。凋落物是土壤有机物质的主要来源，同时也改善土壤的微气候，为微生物提供食物。本项研究结果显示，不同退化程度之间两个群落地表枯落物显著降低。此结果与王仁忠和李建东（1991）对呼伦贝尔草地的研究结果具有相似性。

生物多样性是生态系统中生物群落的重要特征，任何一种干扰因子对植物群落产生影响都需要首先考虑多样性的变化。许多研究表明，生物多样性的破坏和丧失是生态系统退化的主要表现形式，也是生态系统退化的关键所在与核心。Whittaker（1972）研究指出，α 多样性是指群落内部的物种的多样性。物种多样性由两部分组成，一个是群落中的物种数量，称为物种丰富度（species richness）；另一个是均匀性（species evenness）。植物 α 多样性指数包括物种丰富度指数（richness indices）、物种多样性指数（diversity indices）、优势度指数（dominance index）、物种均匀度指数（evenness indices）。群落 β 多样性指群落物种沿着某一环境梯度的替代程度，反映生境的变化程度或指示生境被物种分隔的程度。因此，植物群落 β 多样性指数和群落相似性系数也能证明群落的退化程度。研究得出，呼伦贝尔草甸草原植物 α 多样性指数均随草地退化程度的增加而显著降低，各退化程度之间均有显著性差异，这与杨利民等（1999）研究结果是相一致。随着草地退化程度的不断加剧，植物群落的 β 多样性指数逐渐增大，群落之间的相似性系数逐渐变小，此结果与曹成有（2000）研究结果一致。说明从轻度退化草地到重度退化草地，其生境在空间序列上的变化越来越大，物种替代率越来越高，而且物种数量越来越少，群落基本结构逐渐趋于简单化，植被的退化演替则越来越明显，草地植被生态系统逐渐由稳定状态向不稳定状态过渡。以上分析结果均显示羊草+杂类草群落退化幅度比贝加尔针茅+羊草群落大，说明羊草+杂类草群落植物适口性较好、牲畜喜欢采食，所以退化幅度要比贝加尔针茅+羊草群落退化程度大，或者是由于贝加尔针茅群落耐践踏能力比羊草群落强。

在草原生态系统中，土壤是生产生物量最重要的基质，是许多营养的储存库，是动植物分解和循环的场所，是牧草和家畜的载体。放牧对土壤性质的影响并不能单一得出结论。因为草原生态系统的气候、地形、土壤性质、植物组成、放牧动物类型、放牧历史等因素都对土壤的性质有重要影响，所以，土地退化是生态系统退化的重要指标之一。在草地生态系统的退化中，草地土壤的退化要滞后于草地植物的退化，其退化后恢复时间要远远长于草地植物的恢复时间，有时植被退化到极度退化程度而土壤还保持较好的性状，但土壤退化是比植被退化更严重的退化，土壤严重退化后整个草原生态系统的功能会遗失殆尽。随着放牧强度的增大，草地土壤硬度和容重显著增加，而土壤毛管持水量则明显下降。在过牧条件下，牲畜长期践踏，土壤表土层粗粒化，其结果是黏粒含量降低，沙粒增加。在许多草地土壤方面的研究中，草地土壤的理化性质常被分析为草地退化重要指标。随着放牧强度的增加，有机质含量显著降低。土壤全氮、全磷和速效性养分也表现出相似的变化趋势。

微生物是草原生态系统的重要组成部分，对土壤的质量和肥力很重要。它们在土壤有机质分解和营养元素矿化中起主要作用。因此，土壤微生物推动着生态系统的能量流动和物质循环，维持生态系统正常运转。土壤微生物参数可作为土壤质量变化的指标，在土壤肥力评价和生物净化等方面有着重要作用。群落对牧压强度的反应取决于土壤养分资源的丰缺程度和分布，提高牧压明显降低了贫瘠土壤上的群落物种丰富度。相反，肥沃土壤上的群落物种多样性明显增加。研究表明，土壤有机质、全氮和速效磷与物种多样性有显著相关性。家畜的过度践踏和采食，可引起草地的旱化、土壤理化性状的劣化和肥力的降低。本项研究结果表明，呼伦贝尔草甸草原不同退化程度下土壤理化性质随着退化程度的增加而随之变化。土壤粗粒在 0~10cm 表层重度和中度退化程度显著高于轻度退化程度，其他土层呈现出随着退化程度的增强而逐渐增加的趋势；0~30cm 土层土壤容重重度和中度退化程度显著高于轻度退化程度，30~40cm 土层变化不显著；土壤含水量各土层均表现出轻度退化程度显著高于中度和重度退化程度的趋势。土壤粗粒轻度和中度退化 0~10cm 土层显著低于其他各土层，其他各土层随着土壤深度的加深逐渐增加，重度退化程度则随着土壤的加深而逐渐增加。土壤容重重度和中度退化程度逐渐增加，土壤含水量轻度退化程度显著高于中度和重度退化程度。此结果与杨利民等（1999）对松嫩草原羊草草地的研究结果有所不同，重度和过度放牧阶段土壤容重比轻度放牧阶段分别增加了 47.4%和 64.9%。贾树海等（1999）研究表明，放牧压力对土壤容重的影响仅限于 0~10cm 土层的土壤，且 0~10cm 土层土壤容重随放牧强度的增加而增加，对 0~5cm 土层土壤的影响最明显。陈佐忠和汪诗平（2000）认为随着放牧强度的增大，草地土壤硬度和容重显著增加，而土壤毛管持水量则明显下降，本结果与其相一致。主要原因可能是随着退化程度的增加，增强了对草地的践踏作用，使土壤变得逐渐紧实，致使土壤容重增加、土壤含水量逐渐减少，土壤沙粒含量随着退化程度的加大而增加。这说明轻度退化草地植物根系主要分布在土壤表层，土壤生态系统处于稳定而良性循环状态，随着草地退化程度的增加，群落地上部分消退，地表失去了植被保护，植物根系减少，使土壤结构发生变化，从而使土壤容重增加，表现为表层增大而下层减小的递减规律，在重度退化区这种现象比较明显。进一步说明退化草地土壤的退化过程，首先是表层土壤的风蚀与流失，而后通过堆积作用波及下层土壤。放牧家畜在采食过程中，除践踏影响草地土壤的物理结构外，还通过采食活动及畜体对营养物质的转化影响草地营养物质的循环，从而使草地土壤的化学成分发生变化。而土壤营养物质主要来源于植物地上部分的凋落物及地下根系，随着草地退化程度的增加，归还土壤的营养物质数量逐渐减少，地上植物连年利用，土壤养分也在不断消耗，随退化程度的增加而下降。研究表明，土壤有机物和土壤全氮含量在同一群落里变化相似，但在两个群落里差异，羊草+杂类草群落在 0~20cm 土层轻度退化程度显著高于中度和重度退化，在 20~40cm 土层随着退化程度的增强逐渐降低。而贝加尔针茅+羊草群落，各退化程度之间没有显著性差异，具有逐渐降低的趋势。速效钾含量在 0~10cm 土层中度和重度退化程度显著高于轻度退化程度，出现了中度退化程度最高的趋势，其他各层逐渐增加。速效氮含量在羊草+杂类草群落 0~10cm 土层，中度退化显著高于轻度和重度退化程度，其他各层轻度和中度退化显著高于重度退化程度。而在贝加尔针茅+羊草群落，各退化程度之间，没有显著性差异，随着退化程度的增加而逐渐降低；土壤 pH 值在各土层随着退化程度的增加逐渐降低。土壤化学成分的垂直变化趋势为土壤有机物和土壤全氮含量，随着土壤深度的加深而逐渐降低。速效氮和速效磷在 0~10cm 土层显著高于其他各土层，其他各土层随着土壤深度的加深逐渐降低，而速效钾和 pH 值逐渐增加。此结果与张伟华等（2000）研究结论基本一致。这种变化的原因是随着退化程度的增加地上植物群落覆盖度降低，枯枝落叶减少，植物根量相对减少等原因所致。土壤微生物是生态系统中所不可缺少的重要成分，其分解作用是生态系统物质循环和能量流动的重要环节。地上植被和凋落物以及地下根系随着退化程度的增加而减少，使得微生物的食物来源减少。本研究中，0~40cm 土壤微生物总数沿退化程度的增加而呈现出细菌和放线菌的数量显著降低，真菌的数量显著增加的趋势。而且 0~10cm 土层变化比较明显；细菌在 30~40cm 土层随着退化程度的增加出现先增加后减少的现象。在不同土壤深度下，各退化程度内各类微生物数量随深度的增加而减少，轻度退化区放线菌 0~10cm 土层显著低于其他各土层。此结果与杨利民等（1996）研究发现的重牧减少土壤微生物数量的结果一致。

对不同退化程度下草甸草原植被和土壤因子退化特征的研究结果与国内外学者对不同地区、不同类型草地研究的结果具有相似之处。退化草地植被和土壤因子均表现为随着退化程度的增加而显著变化。本研究中草甸草原不同退化程度下群落物种组成的变化趋势和羊草及伴生种重要值的变化趋势与其他学者研究的结果有差异。因为本研究只是从植物群落学的角度来研究草地不同程度退化特征，对种群的变化趋势研究不足。如果单从植被种群或更微观的角度来研究草地的退化程度时，建议可以把物种重要值作为一个重要的指标来考虑。

在恢复生态学研究的众多焦点中，有关生态系统退化的研究备受关注，而退化程度的确定是一个基本问题，是退化草地生态系统恢复和重建的前提和基础。生态系统退化程度的诊断有生物途径、生境途径、生态过程途径、生态系统功能服务途径和景观途径。诊断方法也分为单途径单因子和多途径多因子综合诊断。对草地生态系统退化程度的诊断在国外研究的较多。土壤是植被的立地条件和营养源泉，土壤状况是草地基本情况变化的一个明确标志。在我国，不同退化程度下草地植被与土壤的变化特征，退化草地恢复过程中的草地植被、土壤变化特征等方面研究成果较多，如在内蒙古典型草原经过长期的定位观测，已经较清晰地认识了其群落放牧退化演替与恢复演替规律，建立了草地退化程度的判别指标，并制定了草地退化程度分级标准。

综上所述，在关于草地退化程度诊断研究中，仍没有建立一套综合适用的诊断方法，另外对整个草原生态系统的退化状态缺乏一种系统定量的描述。草地退化的范围很广，导致退化的原因也不尽相同，不同的草地退化类型其所选择的退化指标也不同，制定统一的退化指标体系是很困难的。植被退化与土壤退化是草地退化的两个层面，辨析二者之间的关系和差异可以更深刻的认识草地退化的内涵。

典型相关分析，是研究两组指标（变量）间的一种多变量统计分析方法，其目的是寻找一组指标与另一组指标的线性组合，使两者之间的相关达到最大。这两组指标是与相同研究对象有关系的不同指标，这两组典型变量彼此之间的最大相关就是第一个典型相关，而线性组合的系数就称之为典型相关系数。由于典型相关分析是把两组指标的每一组指标作为整体考虑，比一般相关分析仅考虑一个指标与一个指标间的关系，或者一个指标与多个指标间的关系，向前迈进了一大步，更能反映现象的本质联系。因此，典型相关分析能够广泛应用于变量群之间的相关分析研究。

植被与土壤的关系是植物生态学研究的一个重要内容，人们常把二者作为一个系统予以研究。氮、磷是自然生态系统中主要的限制性养分，氮、磷可利用性养分在数量和组成上的变化，都将对植物群落的物种组成和群落演替产生显著性的影响。本研究的结果显示了草甸草原羊草+杂类草群落和贝加尔针茅+羊草群落在放牧干扰下，植物群落与土壤因子之间的相关关系。并得出羊草+杂类草群落轻度退化区 Margelef 丰富度指数、Shannon-Wiener 多样性指数、Simpson 优势度指数与土壤全氮、速效氮、速效磷和放线菌显著相关的结论。Margelef 丰富度指数和 Simpson 优势度指数与速效磷和土壤全氮含量正相关，与速效氮和放线菌数量负相关。Shannon-Wiener 多样性指数与土速效磷和土壤全氮含量负相关，与速效氮正相关。中度退化区凋落物、Margelef 丰富度指数、Shannon-Wiener 多样性指数、Pielou 均匀度指数与土壤含水量、土壤全氮、土壤有机物和速效磷显著相关。Shannon-Wiener 多样性指数与土壤含水量、土壤有机物负相关，与土壤速效磷、土壤有机物正相关。凋落物、Margelef 丰富度指数和 Pielou 均匀度与土壤含水量、土壤有机物正相关，与土壤全氮含量、速效磷负相关。重度退化区 Margelef 丰富度指数、Shannon-Wiener 多样性指数、Simpson 优势度指数与地上生物量、速效氮、速效钾和细菌显著相关。地上生物量、Shannon-Wiener 多样性指数与土壤细菌、速效氮、速效钾正相关，Margelef 丰富度指数、Simpson 优势度指数与土壤细菌、速效氮、速效钾负相关。这与白云飞等（2000）对锡林河流域草原植物群落进行研究得到的物种丰富度和多样性指数与土壤有机质及全氮含量呈正相关的结果类似。贝加尔针茅+羊草群落轻度退化区地上生物量、地下生物量、Margelef 丰富度指数 Simpson 优势度指数与土壤有机物、土壤全氮、速效氮、速效磷显著相关。地上生物量、地下生物量、凋落物和优势度指数与土壤有机物、速效氮和速效磷含量负相关与土壤全氮含量正相关。中度退化区地上生物量、地下生物量、凋落物、Simpson 优势度指数与土壤有机物、土壤全氮、速效氮和速效磷显著相关。地上生物量和地下生物量与土壤有机物、土壤全氮和速效氮负相关，与速效磷含量正相关。凋落物和优势度指数与土壤有机物、速效氮和速效磷含量正相关，与速效磷负相关。重度退化区群落高度、凋落物、Pielou 均匀度指数、Simpson 优势度指数与土壤粗粒、速效钾、速效氮显著相关。群落高度、Simpson 优势度指数和凋落物与土壤粗粒和速效氮含量正相关，与速效钾含量负相关，Pielou 均匀度指数与土壤粗粒和速效氮负相关，与速效钾正相关。以上结果与 Raupach 等（1951）的研究结果具有相似性。草甸草原不同群落不同退化程度下植被与土壤之间的相关因子不一致，说明两个不同群落的退化程度和退化速度不一致，有待于进一步研究。

近年来，模糊综合评价方法运用比较广泛。它是以模糊数学为基础，应用模糊关系合成的原理，将一些边界不清，不易定量的因素定量化，进行综合评价的一种方法。此评价法根据模糊数学的隶属度理论把定性评价转化为定量评价，即用模糊数学对受到多种因素制约的事物或对象做出一个总体的评价。它具有结果清晰，系统性强的特点，能较好地解决模糊的、难以量化的问题，适合各种非确定性问题的解决。草原放牧生态系统从稳定到不稳定是一个逐步变化过程，模糊综合评价通过评定草原放牧生态系统各因子对稳定（不稳定）的隶属度情况来综合评定系统稳定状况，可以得到较为理想的结果。本项研究以植被指标为体系的模糊综合评价结果表明，羊草+杂类草群落中度退化区指示度为 0.719 3，即中度退化区植被退化程度是当前轻度退化程度的 71.93%。重度退化区为 0.556 1，重度退化区植被是当前轻度退化程度的 55.61%。贝加尔针茅+羊草群落中度退化区指示度为 0.746 0，即中度退化区植被退化程度是当前轻度退化程度的 74.60%。重度退化区为 0.593 8，是当前轻度退化程度的 59.38%。以土壤指标为体系的模糊综合评价结果表明，羊草+杂类草群落中度退化区指示度为 0.876 4，即中度退化区植被退化程度是当前轻度退化程度的 87.64%。重度退化区为 0.576 7，重度退化区植被是当前轻度退化程度的 57.67%。

贝加尔针茅+羊草群落中度退化区指示度为 0.885 6，即中度退化区植被退化程度是当前轻度退化程度的 88.56%。重度为 0.618 9，是当前轻度退化程度的 61.89%。以植被指标与土壤指标相结合的指标体系模糊综合评价的结果表明，羊草+杂类草群落中度退化区指示度为 0.742 6，即中度退化区植被退化程度是当前轻度退化程度的 74.26%。重度退化区为 0.561 1，重度退化区植被是当前轻度退化程度的 56.11%。贝加尔针茅+羊草群落中度退化区指示度为 0.770 2，即中度退化区植被退化程度是当前轻度退化程度的 77.02%。重度为 0.598 0，是当前轻度退化程度的 59.80%。从以上模糊综合评价的结果可以看出，对于同一个草地地境的不同退化地段，以植被指标为体系的模糊综合评价的指示度小于以土壤指标为体系的模糊评价的指示度。利用植被和土壤相结合的模糊综合评价得出的分值要比仅用植被种类成分得出的分值高，而比只用土壤指标得出的分值要低。说明草地土壤因放牧作用的变化滞后于植被的变化，这与许多学者的研究结果相一致。就放牧对草地生态系统的干扰来说，对植物群落的影响要比对土壤的影响直接，所以，人们从感官上根据草地植物群落的变化来判断草地不同退化程度。但是草地生态系统是植被与土壤以及大气环境条件综合作用下的产物，在一定的外界干扰条件下，植被的变化也许只是草地表观上的量变，如果要确定草地的退化程度，只有根据植被和土壤的相关性，才能对草地生态系统的退化程度进行确切的判断。以上研究所建立的草甸草原放牧生态系统退化指标、评价方法及评价体系不仅理论性强而且切合实际，更能精确地评价草地生态系统的稳定状况。本成果与高安社（2005）对羊草草原放牧草地生态系统健康评价相比提出了不同退化草地评价指标——指示度的概念。本评价方法是合理可行的，可以应用于草甸草原放牧生态系统退化程度的诊断。由于只在呼伦贝尔草甸草原进行了研究，未能在更大的宏观尺度范围内进行验证，其准确性还需要进一步探讨。

6.2 结论

①随着草地退化程度的增加，群落物种组成逐渐单一，数量逐渐减少，其中代表草甸草原成分的物种重要值变化较明显，群落伴生种的重要值随着退化程度的增加而降低，有些耐践踏、适口性差的物种如寸草苔、披针叶黄华、糙隐子草等对草甸草原具有一定指示作用的物种重要值具有上升的趋势。群落物种组成发生明显变化，轻度和中度退化草地仍以禾本科为优势种，退化指示类的菊科植物的重要地位得到提升，中度退化区蔷薇科和毛茛科植物不断增加，重度退化阶段多以耐践踏的菊科植物、莎草科和小型禾草占优势。群落盖度、群落高度、地上现存量、地表凋落物和地下生物量均有降低的趋势；植物 α 多样性指数，即 Margalef 丰富度、Simpson 优势度指数、Shanon-wiener 多样性指数和 Pielou 均匀性指数显著降低，植物群落的 β 多样性指数逐渐增大，群落相似性系数逐渐变小。

②土壤粗粒在 0~10cm 土层重度和中度退化程度显著高于轻度退化，其他土层随着退化程度的增强而逐渐增加；0~30cm 土层土壤容重重度和中度退化程度显著高于轻度退化程度，土壤含水量各土层均表现出轻度退化程度显著高于中度和重度退化程度的趋势。土壤有机物和土壤全氮含量在同一个群落里变化相似，羊草+杂类草群落在 0~20cm 土层，轻度退化程度显著高于中度和重度退化程度，20~40cm 土层随着退化程度的增强逐渐降低。而贝加尔针茅+羊草群落，各退化程度之间没有显著性差异，具有逐渐降低的趋势。速效钾含量在 0~10cm 土层，中度和重度退化程度显著高于轻度退化程度，出现了中度退化区最高的趋势，其他各层逐渐增加。速效氮和速效磷含量在羊草+杂类草群落 0~10cm 土层，中度退化程度显著高于轻度和重度退化程度，其他各层轻度和中度退化程度显著高于重度退化程度。而在贝加尔针茅+羊草群落，各退化程度之间没有显著性差异，随着退化程度的增加而逐渐降低，土壤 pH 值也表现出随着退化程度的增加逐渐降低的趋势。0~40cm 土壤

微生物总数沿退化程度的加大细菌和放线菌的数量显著降低，真菌的数量显著增加。土壤理化性质和微生物的变化均在 0~10cm 土层变化显著。

③草甸草原羊草+杂类草群落和贝加尔针茅+羊草群落不同退化程度下植物与土壤因子之间相关性不一致。羊草群落+杂类草群落轻度退化程度 Margelef 丰富度指数、Shannon-Wiener 多样性指数、优势度指数与速效氮、速效磷显著相关；中度退化程度凋落物、Margelef 丰富度指数、Shannon-Wiener 多样性指数、Pielou 均匀度指数与土壤含水量、土壤全氮、土壤有机物和速效磷显著相关。重度退化程度 Margelef 丰富度指数、Shannon-Wiener 多样性指数、Simpson 优势度指数与地上生物量、速效氮、速效钾和细菌显著相关。贝加尔针茅+羊草群落轻度退化程度地上生物量、地下生物量、Margelef 丰富度指数 Simpson 优势度指数与土壤有机物、土壤全氮、速效氮、速效磷显著相关；中度退化程度地上生物量、地下生物量、凋落物、Simpson 优势度指数与土壤有机物、土壤全氮、速效氮和速效磷显著相关；重度退化程度群落高度、凋落物、Pielou 均匀度指数、Simpson 优势度指数与土壤粗粒、速效钾、速效氮显著相关。

④根据植被与土壤相结合为指标体系的模糊综合评价得出的指示度分别为：羊草+杂类草群落中度退化程度为 0.742 6、重度退化程度为 0.561 1；贝加尔针茅+羊草群落中度退化程度为 0.770 2、重度退化程度为 0.598 0。

参考文献

安渊，李博，杨持，等，2001. 内蒙古大针茅草原草地生产力及其可持续利用研究 I. 放牧系统植物地上现存量动态研究 [J]. 草业学报，10 (2)：22-27.

安渊，徐柱，阎志坚，1999. 不同退化梯度草地植物和土壤的差异 [J]. 中国草地 (4)：31-36.

白永飞，李凌浩，王其兵，2000. 锡林河流域草原群落植物多样性和初级生产力沿水热梯度变化的样带研究 [J]. 植物生态学报，24 (6)：667-673.

曹勇宏，林长纯，王德利，等，2003. 农田-草原景观界面中植被恢复的空间特征 [J]. 东北师大学报 (自然科学版)，35 (2)：74-79.

陈灵芝，陈伟烈，韩兴国，1995. 中国退化生态系统研究 [M]. 北京：中国科学技术出版社.

陈庆诚，赵松岭，杨凤翔，1981. 针茅草原放牧演替中种群消长的数学模型 [J]. Journal of Integrative Plant Biology (4)：323-328.

陈全胜，李凌浩，韩兴国，2003. 水热条件对锡林河流域典型草原退化群落土壤呼吸的影响 [J]. 植物生态学报，27 (2)：202-209.

陈世横，张吴，王立群，等. 2001. 中国北方草地植物根系 [M]. 长春：吉林大学出版社.

陈佐忠，汪诗平，2000. 中国典型草原生态系统 [M]. 北京：科学出版社.

陈佐忠，汪诗平，王艳芬，2003. 内蒙古典型草原生态系统定位研究最新进展［J］. 植物学进展，20（4）：423-427.
程积民，杜峰，1991. 放牧对半干旱区草地植被的影响［J］. 草地与牧草（6）：29-31.
程积民，万惠娥，2002. 中国黄土高原植被建设与水土保持［M］. 北京：中国林业出版社.
杜晓军，高贤明，马克平，2003. 生态系统退化程度诊断：生态恢复的基础与前提［J］. 植物生态学报，27（5）：700-708.
高安社，2005. 羊草草原放牧草地生态系统健康评价［D］. 呼和浩特：内蒙古农业大学.
关世英，1997. 草原暗栗钙土退化过程中的土壤性状及其变化规律的研究［J］. 中国草原（3）：39-43.
侯扶江，南志标，肖金玉，等，2002. 重牧退化草地的植被、土壤及其耦合特征［J］. 应用生态学报，8（13）：915-922.
侯扶江，任继周，2003. 甘肃马鹿冬季放牧践踏作用及其对土壤理化性质影响的评价［J］. 生态学报，23（3）：486-495.
胡永宏，贺思辉，2000. 综合评价方法［M］. 北京：科学出版社.
贾树海，王春枝，孙振涛，1999. 放牧强度和时期对内蒙古草原土壤压实效应的研究［J］. 草地学报，7（3）：217-222.
姜恕，李博，王义凤，1988. 草地生态研究方法［M］. 北京：农业出版社.
李柏年，2007. 模糊数学及其应用［M］. 合肥：合肥工业大学出版社.
李博，1997. 中国北方草地退化及其防治对策［J］. 中国农业科学，30（6）：1-9.
李德新，1980. 放牧对克氏针茅草原影响的初步研究［J］. 中国草原（1）：1-8.
李青丰，胡春元，王明玖，2001. 浑善达克地区生态环境劣化原因分析

及治理对策 [J]. 干旱区资源与环境, 15 (3): 9-16.

李青丰, 胡春元, 王明玖, 等, 2003. 锡林郭勒草原生态环境劣化原因诊断及治理对策 [J]. 内蒙古大学学报 (自然科学版), 34 (2): 166-172.

李绍良, 陈有君, 关世英, 2002. 土壤退化与草地退化关系的研究 [J]. 干旱区资源与环境, 16 (1): 92-95.

李守虔, 1984. 亚高山草甸蒿草植被放牧衰退演替阶段的数值分类 [J]. 植物学报, 26 (3): 202-208.

李晓军, 1989. 针茅草原放牧衰退演替阶段的模糊聚类分析 [J]. 生态学报, 9 (2): 51-56.

李永宏, 1988. 内蒙古锡林河流域羊草草原和克氏针茅草原在放牧影响下的分异和趋同 [J]. 植物生态学和地植物学学报, 12 (3): 189-196.

李永宏, 1993. 放牧影响下羊草草原和大短花针茅草原植物多样性的变化 [J]. 植物学报, 35 (11): 877-884.

李永宏, 1994. 内蒙古草原草场放牧退化模式研究及退化监测专家系统雏议 [J]. 植物生态学, 18 (1): 68-79.

李永宏, 1999. 植物及植物群落对不同放牧率的反应 [J]. 中国草地 (3): 11-19.

刘东霞, 2008. 呼伦贝尔退化草地植被演替特征研究 [J]. 干旱区环境与资源 (8): 103-109.

刘显芝, 魏绍成, 1983. 对退化草场几个问题的探讨 [J]. 中国草原 (3): 63-66.

刘兆顺, 2000. 吉林省西部草原区土壤的理化性质及其与草地退化的相关性研究 [D]. 长春: 长春科技大学.

刘振国, 李福生, 乌兰, 2006. 退化草原冷蒿群落 13 年不同放牧强度后的植物多样性 [J]. 生态学报 (2): 475-482.

刘钟龄，2002. 内蒙古草原退化与恢复演替机理的探讨［J］. 干旱区资源与环境，16（1）：84-90.

刘钟龄，王炜，郝敦元，等，2002. 内蒙古草原退化与恢复演替机理的探讨［J］. 干旱区资源与环境（1）：84-91.

吕世海，2005. 呼伦贝尔沙化草地系统退化特征及围封效应研究［D］. 北京：北京林业大学.

吕世海，卢欣石，曹帮华，2005. 呼伦贝尔草地风蚀沙化地土壤种子库多样性研究［J］. 中国草地，27（3）：5-10.

马克平，1994. 生物群落多样性的测度生物多样性研究的原理与方法［M］. 北京：中国科学技术出版社.

毛文永，1998. 生态环境影响评价概论［M］. 北京：中国环境科学出版社.

潘学清，冯国钧，魏绍成，等，1992. 中国呼伦贝尔草地［M］. 长春：吉林科学技术出版社.

潘学清，吕新龙，李章春，等，1987. 呼伦贝尔主要天然草场生产力和放牧演替规律初步研究［J］. 中国草地（3）：37-38

钱迎请，甄仁德，1994. 生物多样性进展［M］. 北京：中国科学技术出版社.

秦钟，周兆德，2002. 土壤物理性质变化简析［J］. 海南大学学报（自然科学版），20（4）：379-385.

曲国辉，郭继勋，2003. 松嫩平原不同演替阶段植物群落和土壤特性的关系［J］. 草业学报，1（12）：18-22.

任海，彭少麟，2001. 恢复生态学导论［M］. 北京：科学出版社.

任继周，1998. 草业科学研究方法［M］. 北京：中国农业出版社.

戎郁萍，2001. 放牧强度对草地土壤理化性质的影响［J］. 中国草地学报，23（4）：41-47.

阮桂海，2003. SAS 统计分析实用大全［M］. 北京：清华大学出版社.

汪诗平，2001. 内蒙古典型草原糙隐子草种群补偿性生长机制的研究［J］. 植物学报，43（4）：413-418.

汪诗平，李永宏，1997. 不同放牧率和放牧时期绵羊粪便中各化学成分的变化及与所食牧草各成分间的关系［J］. 动物营养学报，9（2）：49-56.

汪诗平，李永宏，王艳芬，2001. 不同放牧率对内蒙古冷蒿小禾草草原植物多样性的影响及其机理的研究［J］. 植物学报，43（1）：89-96.

王德利，吕新龙，罗卫东，1996. 不同放牧密度对草原植被特征的影响分析［J］. 草业学报，5（3）：28-33.

王德利，杨利民，2004. 草地生态系统与管理利用［M］. 北京：化学工业出版社.

王刚，1984. 草场放牧衰退演替阶段划分的一种方法——生境梯度分析法［J］. 中国草原（2）：7-12.

王晗生，刘国彬，王青宁，2000. 流域植被整体防蚀作用及其景观结构剖析［J］. 水土保持学报，14（5）：73.

王琳，张金屯，上官铁梁，2004. 历山山地草甸的物种多样性及其与土壤理化性质的关系［J］. 应用与环境生物学报，10（1）：18-22.

王仁忠，1998. 放牧和刈割干扰对松嫩草原羊草草地影响的研究［J］. 生态学报（2）：210-214.

王仁忠，李建东，1991. 采用系统聚类分析法对羊草草地放牧演替阶段的划分［J］. 生态学报（4）：367-371.

王仁忠，李建东，1995. 松嫩平原碱化羊草草地放牧空间演替规律的研究［J］. 应用生态学报，6（3）：277-281.

王炜，梁存柱，刘钟龄，等，2000. 羊草+大针茅草原群落退化演替机理的研究［J］. 植物生态学报，24（4）：468-472.

王炜，刘钟龄，郝敦元，1996. 内蒙古典型草原退化群落恢复演替的研究恢复演替时间进程的分析［J］. 植物生态学报，20（5）：460-471.

王玉辉，何兴元，周光胜，2002. 放牧强度对羊草草原的影响［J］. 草地学报，10（1）：46-49.

肖力宏，2004. 草地退化的原因及退化草地改良的研究［J］. 科学管理研究（8）：27-29.

肖运峰，李世英，1980. 羊草草原放牧退化演替及其退化原因分析［J］. 中国草地（3）：20-27.

许光辉，郑洪元，1986. 土壤微生物分析方法手册［M］. 北京：农业出版社.

闫瑞瑞，2008. 不同放牧制度对短花针茅荒漠草原植被与土壤影响的研究［D］. 呼和浩特：内蒙古农业大学.

杨持，叶波，1994. 不同草原群系植物种多样性比较研究［J］. 内蒙古大学学报，25（2）：209-214.

杨江龙，李生秀，2005. 土壤供氮能力测试方法与指标［J］. 土壤通报，36（6）：1-3.

杨利民，韩梅，李建东，1996. 松嫩平原主要草地群落放牧退化演替阶段的划分［J］. 草地学报，4（4）：281-287.

杨利民，王仁忠，李建东，等，1999. 松嫩平原主要草原群落放牧干扰梯度对植物多样性的影响［J］. 草地学报，1（7）：8-15.

张金屯，1995. 植被数量生态学方法［M］. 北京：中国科学技术出版社.

张伟华，关世英，李跃进，2000. 不同软压强度对草原土壤水分、养分及其地上生物量的影响［J］. 干旱区资源与环境，14（4）：61-64.

昭和斯图，祁永，1987. 内蒙古短花针茅草原放牧退化序列的研究［J］. 中国草地（1）：29-35.

沼田真，1986. 草原调查手册［M］. 北京：科学出版社.

赵松龄，1982. 针茅草原放牧衰退演替阶段的模糊数学分类［J］. 植物学报，24（4）366-373.

赵晓霞，孙静萍，2000. 典型草原放牧后植物种的多样性分析［J］. 中国草地（2）：21-23.

中国科学院内蒙古宁夏自然资源综合考察队，1985. 内蒙古植被［M］. 科学出版社.

ALLEN E B，COVINGTON W，FALK D A，1997. Developing the conceptual basis for restoration ecology［J］. Restoration Ecology，5（4）：275-276.

BARDGETT R D，ONES A C，JONES D L，2001. Soil microbial community patterns related to the history and intensity of grazing in submontane ecosystems［J］. Soil Biology & Biochemistry，33（12-13）：1653-1664.

CHEN J，STARK J M，2000. Plant species effects and carbon and nitrogen cycling in sagebrush crested wheatgrass soil［J］. Soil Biology & Biochemistry，32（1）：47-57.

China National Committee for the Implementation of the United Nations Convention to Combat Desertification（CCICCD），1997. China country paper to combat desertification［M］. Beijing：China Forestry Publishing House.

CONSTANZA R，NORTON G B，HASKELL B D，2004. Ecosystem Health：New goals for environment management［M］. Washington，DC：Island Press.

DORMAAR J F，ADAMS B W，WILLMS W D，1997. Impacts of rotational grazing on mixed prairie soil and vegetation［J］. Journal of Range Manage，50（6）：647-651.

DYSTERHUIS E J，1949. Condition and management of range land based on quantitative ecology［J］. Journal of Range Management，2（3）：104-115.

FINZI A C，BREEMEN N，CANHAM C D，1998. Canopy tree-soil interactions within temperate forests：Species effects on soil carbon and nitrogen

[J]. Ecological Applications, 8 (2): 440-446.

GREEN D R, 1989. Rangeland restoration projects in western New south wales [J]. Australian Rangeland Journal, 11 (2): 110-116.

HAYNES R J, WILLIAMS P H, 1993. Nutrient cycling and soil fertility in the grazed pasture ecosystem [J]. Advances in Agronomy, 49 (1993): 118-199.

HENDRCK R L, PREGITZER K S, 1993. The dynamics of fine root length, biomass, and nitrogen content in two northern hardwood ecosystems [J]. Canada Journal of Forestry Research, 23 (12): 2507-2520.

HOBBIE S E, 1992. Effects of plant species on nutrient cycling [J]. Trends in Ecology and Evolution, 7 (10): 336-339.

HOGLUND J H, 1985. Grazing intensity and soil nitrogen accumulation [J]. Proceedings of the New Zealand Grassland Association, 46: 65-69.

HOOK P B, BURKE I C, LAUENROTH W K, 1991. Heterogeneity of soil and plant N and C associated with individual plants and openings in North American shortgrass steppe [J]. Plant and Soil, 138 (2): 247-256.

INOUYE R S, HUNTLY N J, TILMAN D, et al., 1987. Pocket gophers (*Geomys buesarius*), vegetation, and soil nitrogen along a successional sere in east central Minnesota [J]. Oecologia (Berlin), 72 (2): 178-184.

KENNEDY A C, SMITH K L, 1995. Soil microbial diversity and the sustainability of agricultural soils [J]. Plant Soil, 170 (1): 75-86.

LI X Z, CHEN Z Z, 1998. Influence of stocking rates on C, N, P contents in plant soil system [J]. Acta Agrestia Sinica, 6 (2): 90-98.

MCINTYRE S, HEARD K M, MARTIN T G, 2003. The relative importance of cattle grazing in subtropical grasslands: does it reduce or enhance plant biodiversity [J]. Journal of Applied Ecology, 40 (3): 445-457.

MCNAUGHTON S J, BANYIKWA F F, MCNAUGHTON M M, 2001. Promotion of the cycling of diet-enhancing nutrients by African grazers [J]. Science, 278 (5344): 1798-1800.

PASTOR J, ABER J D, MCCLAUGHERTY C A, et al., 1984. Aboveground production and N and P cycling along a nitrogen mineralization gradient on Blandhawk Island, WI [J]. Ecology, 65 (1): 256-268.

PIEPER, R D, BECK R F, 1990. Range condition from an ecological perspective: Modifications to recognize multiple use objectives [J]. Journal of Range Manage, 43 (6): 550-552.

PIGOTT C D, TAYLOR K, 1964. The distribution of some woodland herbs in relation to the supply of N and P in the soil [J]. Journal of Animal Ecology, 33 (52): 175-185.

VINTON M A, BURKE I C, 1995. Interactions between individual plant species and soil nutrient status in shortgrass steppe [J]. Ecology, 76 (4): 1116-1133.

VITOUSEK P M, GOSZ J R, GRIER C C, et al., 1982. A comparative analysis of potential nitrification and nitrate mobility in forest ecosystems [J]. Ecological Monographs, 52 (2): 155-177.

WARDLE D A, BARKER G M, 1997. Competition and herbivory in establishing grassland communities: Implications for plant biomass, species diversity and soil microbial activity [J]. Oikos, 80 (3): 470-480.

WHITTAKER R H, 1972. Evolution and measurement of species diversity [J]. Taxon, 21 (2-3): 213-251.

WILSON M V, SHMIDA A, 1984. Measuring beta diversity with presence-absence data [J]. Journal of Ecology, 72 (3): 1055-1064.

ZAK D R, PREGITZER K S, 1988. Nitrate assimilation by herbaceous ground flora in late successional forests [J]. Journal of Ecology, 76 (2): 537-546.